Mr.Know All

从这里，发现更宽广的世界……

高高 BOOKS

科学大王

文明起源

小书虫读经典工作室 编著

天地出版社 | TIANDI PRESS

图书在版编目（CIP）数据

文明起源 / 小书虫读经典工作室编著. 一 成都 :
天地出版社, 2019.7
（科学大王）
ISBN 978-7-5455-4878-5

Ⅰ.①文… Ⅱ.①小… Ⅲ.①人类起源一少儿读物
Ⅳ.①Q981.1-49

中国版本图书馆CIP数据核字（2019）第080942号

WENMING QIYUAN
文明起源

出品人 杨 政
编 著 小书虫读经典工作室
责任编辑 李 蕊
装帧设计 高高国际
责任印制 董建臣

出版发行 天地出版社
（成都市槐树街2号 邮政编码：610014）
（北京市方庄芳群园3区3号 邮政编码：100078）
网 址 http://www.tiandiph.com
电子邮箱 tianditg@163.com
经 销 新华文轩出版传媒股份有限公司

印 刷 北京盛通印刷股份有限公司
版 次 2019年7月第1版
印 次 2019年7月第1次印刷
开 本 700mm×1000mm 1/16
印 张 15
字 数 240千字
定 价 49.80元
书 号 ISBN 978-7-5455-4878-5

咨询电话：(028) 87734639（总编室）
购书热线：(010) 67693207（营销中心）

总 序

聂震宁

一个时期以来，推广阅读特别是推广校园阅读时，推荐种类大都以文学或文史类居多，少量会有一点与科学相关，也还大都是科幻文学和科普文学作品，科学知识类图书终归很少。这不能不说是一个很大的缺憾。

重视文史特别是文学阅读，当然无可厚非——岂止是无可厚非，应当说是天经地义！“以史为鉴，可以知兴替”，读文史书的意义古人早已经说得很深刻，而读文学的意义更是难以说尽。文学是人学，是对人的灵魂和精神的洗礼，是对人的心性、品格和气质的滋养。中国近代思想家、《少年中国说》的作者梁启超先生曾经指出：“欲新一国之民，不可不先新一国之小说。故欲新道德，必新小说；欲新宗教，必新小说；欲新政治，必新小说；欲新风俗，必新小说。”中国现代文学奠基人、著名文学家鲁迅先生年轻时认识到文学可以改善人们的思想觉悟，唤醒沉睡麻木的人们，激发公民的爱国热情，因而弃医从文，写出大量唤醒民众、震撼人心的文学作品，成为五四以来新文化运动的先驱和主将。

一个人如少年儿童时期阅读到许多优秀的文学作品，必将受益终生。优秀的文学作品能帮助我们树立壮丽而远大的理想，激发我们追求真理、勇攀高峰的勇气，引导我们对人生、社会、历史以及文学艺术形成深刻的理解和体悟。文学阅读不能没有，然而，科学知识的阅读同样也不能没有。科学是关于发现、发明、创造、实践的学问。科学能帮助我们了解物质世界的现象，寻求宇宙和自然的法则，研究自然世界的规律……通过科学的方法，人类逐渐掌握了物理、化学、地质学、生物学、自然以及人文学科等各个方面的知识和规律。人类的进步离不开科技的力量。科技不仅仅承载着人类未来和探索宇宙等重大使命，也与我们的日常生活息息相关。了解必备的科技知识，掌握基本的科学方法，形成科学思维，崇尚科学精神，并掌握一定的应用能力，对于少年儿童的成长具有特别重要的作用。

然而，长期以来，我国公民的科学素质都处于较低水平。相信很多朋友都还记得，2011 年日本发生 9.0 级强地震引发核泄漏事故，竟然在我国公众中引起了一场抢购食盐的风波。更早些时候，广东和海南等地“吃了得香蕉黄叶病的香蕉会得癌症”的谣传满天飞，致使香蕉价格狂跌不已，蕉农和水果商家损失惨重。虽然事情原因比较复杂，但公民科学素质不高显然是一个重要因素。社会上时不时就会出现的因为公民科学素质不高而轻信谣言传闻的事实，也一再提醒我们，必须下大力气提高公民科学素质。

关于我国公民科学素质相对处于较低水平的说法是有依据的。公民科学素质包含具备基本科学知识、具备运用科学方法的能力、具有科学思维科学思想，同时能够运用科学技术处理社会事务、参与公共事务。按照国际普遍采用的测量标准，经过科学的调查和测量，我国公民具备科学素质的比例一直比较低，在 2005 年只有 1.60%， 2010 年也只有 3.27%，2015 年提高到 6.2%，但也只相当于发达国家 20 世纪 80 年代末的水平。经过近年来各级政府大力开展科学普及工作，2018 年我国公民具备科学素质的比例达到了 8.47%，与主要发达国家在这方面的差距进一步缩短。据中国科学普及研究所预测，到2020年我国公民具备科学素质的比例有望超过10%。科学素质是决定人的思维方式和行为方式的重要因素，是人们过上更加美好生活的前提，更是实施创新驱动发展战略的基础。在科技日新月异、迅猛发展的今天，科技深刻地影响着经济社会人们生活的方方面面，公民科学素质已经成为国家综合实力的重要组成部分，成为先进生产力的核心要素之一，成为影响社会稳定和国计民生的直接因素。提高我国公民的科学素质，应当成为当前的一项紧迫任务。

“科学大王”系列科普图书就是为着提高我国的公民科学素质特别是少年儿童的科学素质而编著出版的。

“科学大王”系列科普图书由小书虫读经典工作室编著。整套图书共10本，分别为《植物大观》《动物传奇》《宇宙印象》《文明起源》《探险风云》《魅力科学》《我爱发明》《多彩生活》《生命奥妙》《神奇地球》等。

“科学大王”系列科普图书的编著者清晰认识到，这是一套面向中国少年儿童读者的科学普及读物，应当在以下几个方面明确编著的思路和精心的设计。

首先，编著者主张着眼中国、放眼世界，编著的内容既要适合中国的少年儿童阅读，又要具有世界眼光，选题严格把控，既认真参考发达国家同年龄阶段科学教育的课程内容，又从中国少年儿童的阅读认知实际出发。

其次，编著者要求主题集中，每本书系统介绍相关主题，让读者集中掌握相关知识，在一定程度上达到专业知识完备的要求。

第三，鉴于青少年学习的兴趣需要培养和引导，编著者在坚持科学知识准确的前提下，努力让素材生活化、趣味化。科学并不是摆放在神坛上供人膜拜的圣物，而是需要通过一个个生动问题的解决来体现的。编著者希望这套图书既能够丰富少年儿童的课外阅读，让他们在快乐阅读中获取知识，又能帮助老师和父母辅导他们的课堂学习，激发他们发奋学习、勇攀高峰的兴趣和勇气。

第四，编著者力争做到科学知识与人文关怀并重。无论是书中问题的设计还是语言的表达，都要注意到体现正确的价值观、健康的道德情操和良好的审美趣味，要有利于培养少年儿童的大能力、大视野、大素质。

此外，这套图书在装帧设计和印制上下了很大功夫。装帧设计努力做到科学与艺术的有机结合，插图追求精美有趣。由于采用了高品质的纸张和全彩印刷，整套图书本本高品质，令人赏心悦目，足以让少年儿童读者在学习科学知识的同时也能得到美的享受。

在我国全民阅读特别是校园阅读蓬勃开展的今天，“科学大王”系列科普图书的出版无疑是一件值得肯定的好事。在阅读活动中，推广文史类特别是文学图书的阅读，将有利于提高公民特别是少年儿童的人文素质，而推广科技知识类图书的阅读，则将有利于提高公民特别是少年儿童的科学素质。国家要富强，民族要振兴，公民这两大素质是不可缺少的。

（聂震宁，编审，博士研究生导师，第十、十一、十二届全国政协委员，中国作家协会会员，中国出版集团公司原总裁，现任韬奋基金会理事长、中国出版协会副理事长）

推荐序

何 彦

上个世纪的七八十年代，我在读小学和中学。那个时候信息与资料还比较匮乏，知识普及类图书不多，但这没有影响孩子们对自然科学和人文科学的好奇与热情。我和我的小伙伴们读着《十万个为什么》、《上下五千年》、叶永烈的科幻小说、大科学家们的故事……我们景仰着牛顿、爱迪生、居里夫人、华罗庚、陈景润……憧憬着国家实现现代化的美好蓝图，我们被知识激励，被科学家、历史学家引领，在不断学习中终于成为一个博学、有底蕴、眼界宽广的人。

几十年过去，出版、互联网和人工智能的发展进步使得知识的普及与传播出现了量与质的飞跃。现在的孩子们是幸运的，他们面对着更为多元的知识和优质的学习渠道。但是，个人的时间是有限的，知识传播也呈现出碎片化的倾向，如何让这个时代的青少年全面、有效地对自然科学和人文科学有一个整体的认识，已经成了今天科普出版的重大难题。

因此，我很高兴能够看到这套《科学大王》的付梓。它选材丰富全面，但不是机械地堆砌知识，而是引导青少年读者在欣赏一个个美妙的知识细节的过程中，逐渐形成对事物整体的把握。孩子们会看到整个世界就像一个活泼的生命，它多姿多彩，千变万化，有着无尽的可能，让他们由衷地好奇、赞叹，希望亲自去探索。

人类既生活在宇宙空间里，也生活在历史中。我们来自空间和历史，也改变着空间和历史。在这套丛书里，孩子们通过对历史的了解，对科技发展的认识，不仅可以看到人类一路走来的艰辛，也可以看到人类的伟大意志和力量，并思索人类应该肩负的责任。这套丛书在传播知识的同时，也带给孩子们价值观和梦想的启迪。

培根说："知识就是力量。"好的书籍就像接力棒，把人类知识的力量一代一代地传递下去！

（何彦，清华大学化学系教授、博士生导师）

CONTENTS

目录

第一章 文明深处的消失之城

佛國記

第二章
远去的希腊文明

第三章
悲情的罗马文明

第四章 尘封的埃及文明

第一章

文明深处的消失之城

匠心独运的空中花园，令人称奇的楔形文字……考古学家在古巴比伦找到了已经消逝的文明。在《圣经》中，“美索不达米亚”是被称为“伊甸园”的地方，在这片神奇的土地上，孕育了名列四大文明古国之一的古巴比伦。令人不曾想到的是，在公元前 2 世纪时，这一经历了繁华与衰落的天堂之城却被风沙彻底掩埋。在这个世界上，和古巴比伦一样因为风沙而销声匿迹的城市，还有楼兰、佩特拉、统万……

这些已经消失的城市在漫漫的历史长河中吸引了无数考古爱好者的目光。“新月沃地”为什么消逝？佩特拉又为何被称作“玫

瑰红城市”？楼兰古城真的存在吗？统万城是如何建造的？如果你想知道这些问题的答案，就让我们跟随探险者的脚步一起去领略这些已经消逝的文化名城的风采吧！

1 被风沙掩埋的城市

古巴比伦真有“空中花园”吗

小路蜿蜒盘旋，园中莺歌燕舞，建筑别具一格……人们对古巴比伦的“空中花园”有着各种各样瑰丽美好的想象。但是，关于这座被誉为古代世界七大奇迹之一的“空中花园”，却从来没有停止争论。

虽然“空中花园”又被称作“悬苑”，但这并不是说这座花园吊在空中，而是由于花园高于宫墙，从远处看过去，仿佛悬挂在空中，因此得名“空中花园”。以往针对“空中花园”的研究

▼ 古巴比伦遗址

普遍认为，“空中花园”可能坐落于伊拉克首都巴格达附近，位于幼发拉底河东部，建造于巴比伦鼎盛时期。据传，这座花园是由当时的新巴比伦国王尼布甲尼撒二世下令为王后安美依迪丝建造的。在山林密布的家乡长大的王妃无法适应巴比伦一马平川的地形，国王为了取悦王妃建造了一座阶梯花园。这当然只是一个美丽的传说，然而，“空中花园”是否真的存在却成了千百年来困扰人们的一个谜团。

目前关于“空中花园”的研究可谓“百家争鸣”，牛津大学东方研究所的一位博士认为，它并不是古巴比伦的国王尼布甲尼撒二世所建，而是由亚述人建造的，其位置应该在巴比伦以北 300 英里（约 483 千米）之外的尼尼微。但谁也无法对此做出定论，因为无论是古巴比伦还是亚述的那些城市，都早已消失在了历史的风沙里。

“新月沃地”为什么覆亡

我们常说的四大文明古国，是对世界四大古代文明的概称，分别是古埃及、古巴比伦、古印度和古中国。其中，古巴比伦王国诞生于两河流域，即幼发拉底河和底格里斯河流域，这里孕育了璀璨夺目的巴比伦文化。

“新月沃地”是巴比伦文明的发源地，位于亚洲西部两河流域中，因形态狭长、古时土地肥沃而得名。公元前 3500 年以后，苏美尔人在两河流域南部建立了许多奴隶制小国，到了公元前

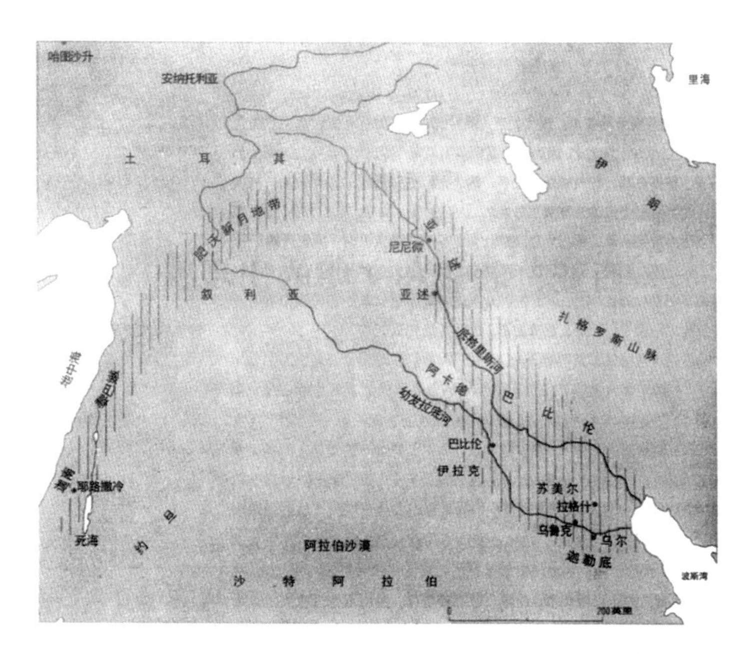

▲ 新月沃地

19 世纪，当时的古巴比伦国王汉谟拉比统一了两河流域，建立了中央集权的奴隶制国家。汉谟拉比自称“月神的后裔”，古巴比伦王国在他的领导下变成西亚最大的政治、经济、文化中心，他还制定了一部反映奴隶主统治阶级利益的法典——《汉谟拉比法典》，这部法典对后人研究古巴比伦社会经济关系有很大的帮助。

那么，“新月沃地”是怎样从巴比伦文明的发源地逐步走向没落的呢？当时的古巴比伦王国曾经盛极一时，而随着历史的进程，古巴比伦王国被亚述帝国吞并。时间的车轮转到了公元前 538 年，新巴比伦王国被逐渐兴盛起来的波斯所灭。至此，巴比伦王国再也不是一个独立的整体，由于人们长期乱砍滥伐，水土流失严重，再加上长期战乱，泥沙淤积严重，它最终难逃风沙掩埋的厄运。

佩特拉的岩体建筑有着怎样的规模

历史古城佩特拉位于今天的约旦南部，是约旦最负盛名的旅游城市，1985年被列入世界遗产，2007年又荣登新“七大奇迹”之一。佩特拉在希腊语中译为岩石，这里有许多谜团等待解开。

正如它的名字一样，佩特拉古城依山而建，地势险峻，在世界建筑史上堪称奇迹，被誉为“在岩石中建造的城市”。它隐藏在一条幽深的峡谷之中，是世界上最大的岩体建筑。在佩特拉，几乎所有的房屋、墓穴都是人工从岩体中切割出来的，的确是沙漠中的伟大奇迹。佩特拉著名的“戴尔修道院”是佩特拉最大的石凿建筑，是由纳巴泰人建造的，考古学家认为这是一座神殿或皇家墓室。

顺着峡谷往里走，路径逐渐变宽，墙体上布满了大小不一的洞穴。你一定会好奇这些洞穴是干什么的，很多考古学家认为它们就是用来殉葬的墓穴，但也有考古学家提出疑问：如果是这样，那为什么从未发现过丧葬的物品或者祭祀标记呢？有关佩特拉古城里这些洞穴的用途，至今还是一个未解之谜。

公元3世纪时，由于失去了交通枢纽的地位，佩特拉开始衰落。公元7世纪被阿拉伯征服时，佩特拉已成为一座废弃的古城。在这之后，这个雕刻在岩石上的梦幻王国成了一个解不开

▲ 佩特拉城

的谜。这座久负盛名的城市就这么消失在历史的长河中，甚至没有为后人留下任何痕迹，连仅有的一些刻在石崖上的图案文字，至今也无人能破解，让这座石头城留给人们无限的遐想。

小贴士

千百年来，这里都流传着美好的传说，人们始终相信，在这个神秘的国度，或许还沉睡着法老珍贵的宝藏。直到1812年，瑞典考古学家约翰·贝克哈特孤身闯入佩特拉腹地，却并未发现财宝。

佩特拉为什么消亡

佩特拉被誉为“中东玫瑰红城市”，也是好莱坞大片《夺宝奇兵》的拍摄地。如今，一眼望去，满目黄沙，全然不见曾经的繁华。佩特拉为什么一夜消亡？这一问题成为困扰考古学家的谜团。

佩特拉地处交通要道，位于两条贸易要道的十字路口，其中一条连接红海和大马士革，另一条连接波斯湾和地中海沿岸的加沙地区，因此成为商人和旅行者们活跃的地方，这让佩特拉在当

▼ 鸟瞰佩特拉城

时就成了数一数二的大城市。

公元106年，古罗马人接管佩特拉，这座“中东玫瑰红城市”繁华依旧。但任何事情都不是一成不变的，商贸和货物运输是佩特拉走向富强的原因，也是佩特拉走向衰落的原因。当罗马人开发了新的海上航线，货物可以直接从红海出入，佩特拉交通枢纽的地位便一落千丈，并逐渐走向衰退。公元363年，一场大地震让佩特拉古城彻底消失在历史的云烟之中，此后的岁月中，沙漠掩埋了佩特拉城曾经所有的辉煌，它被人们遗忘了，直到1812年，这座历史名城才重新被发现。

有一种说法认为，佩特拉的灭亡是因为水源的缺失。但实际上，在当时，佩特拉的建筑师就利用黏土设计了一套复杂的供水系统。所以，尽管当地年降雨量只有150毫米，但佩特拉人也从不为水源而发愁。

如今，佩特拉每年的游客数量在50万左右，这里对于那些充满冒险精神的游客充满了吸引力。佩特拉古城遗址已经被发现了200余年，可是我们现在看到的只是“冰山一角”，甚至都不到遗址总面积的百分之一，佩特拉古城的发掘工作依然任重而道远。

楼兰古城真的存在吗

在很多人心中，楼兰古城就是“神秘之都”的代名词。很多人还曾质疑过它的存在，但这座于公元4世纪突然销声匿迹的古

▲ 楼兰古城遗址

城在历史上的确存在过，还曾是汉朝丝绸之路上的重镇之一。

楼兰古城的准确位置在今天中国新疆巴音郭楞蒙古族自治州若羌县北境，罗布泊以西、孔雀河道南岸 7 公里的地方。中原地区对楼兰的了解源于西汉，当时的大探险家张骞出使西域，途经楼兰。后来，根据张骞的亲身经历，司马迁在《史记》中记载："楼兰、姑师邑有城郭，临盐泽。"除此之外，《史记》中还详细记载了楼兰的风土人情，这是中国古代历史文献中对楼兰的第一次记载。鼎盛时期的楼兰是丝绸之路上的重镇，是连通中原和西域的枢纽，具有重要的战略地位。然而到了唐代以后，楼兰在历史上就失去了记载。

在长达一个多世纪的罗布泊探险热中，灿烂的楼兰文化让考古爱好者兴奋不已，但恶劣的自然环境让很多研究者望而却步。

20世纪初期，沉睡了1500多年的楼兰古城逐渐被揭开神秘的面纱。正是在这一时期，瑞典探险家斯文·赫定宣布楼兰古城的存在，大批考古学家接踵而至。

小贴士

在罗布泊西岸，一种独特的地貌在这里发育，这种地貌被称为雅丹地貌。雅丹地貌是指干旱地区的一种风蚀地貌，这种地质现象在罗布泊非常典型，犹如楼兰古城的层层防线，成为楼兰考古工作中的“拦路虎”。

楼兰为什么突然销声匿迹

“上无飞鸟，下无走兽，遍及望目，唯以死人枯骨为标识耳。”这是公元400年高僧法显西行取经时途经楼兰，而后在《佛国记》中记载的情景。公元4世纪后，楼兰这座历经500年的繁华的“丝绸之路”重镇突然销声匿迹，给后人留下了无尽的遐想。一个多世纪以来，考古爱好者们前赴后继踏上楼兰土地，探寻古城消失的缘由。

《水经注》是南北朝时期北魏的郦道元所写的地理学著作，

上面详细记载了楼兰缺水的状况，据记载，东汉之后，楼兰水源稀缺，在此之后，楼兰人积极疏浚河道，甚至颁布了法律，这是迄今为止发现的世界上最早的环境保护法律，但仍然于事无补。

说到楼兰古城被风沙掩埋，有一种说法是：由于人们不遵守自然规律，长期乱砍滥伐，导致水土流失，于是风沙侵袭，这直接导致了楼兰古城消失在了茫茫黄沙之中。再加上瘟疫蔓延，加速了楼兰的消亡。在巨大的灾难面前，楼兰人选择了逃亡，他们逆塔里木河而上，一路逃走。

至此，辉煌的楼兰古城在历史上无声无息地消失了。至于

▼ 唐高僧法显著《佛国记》

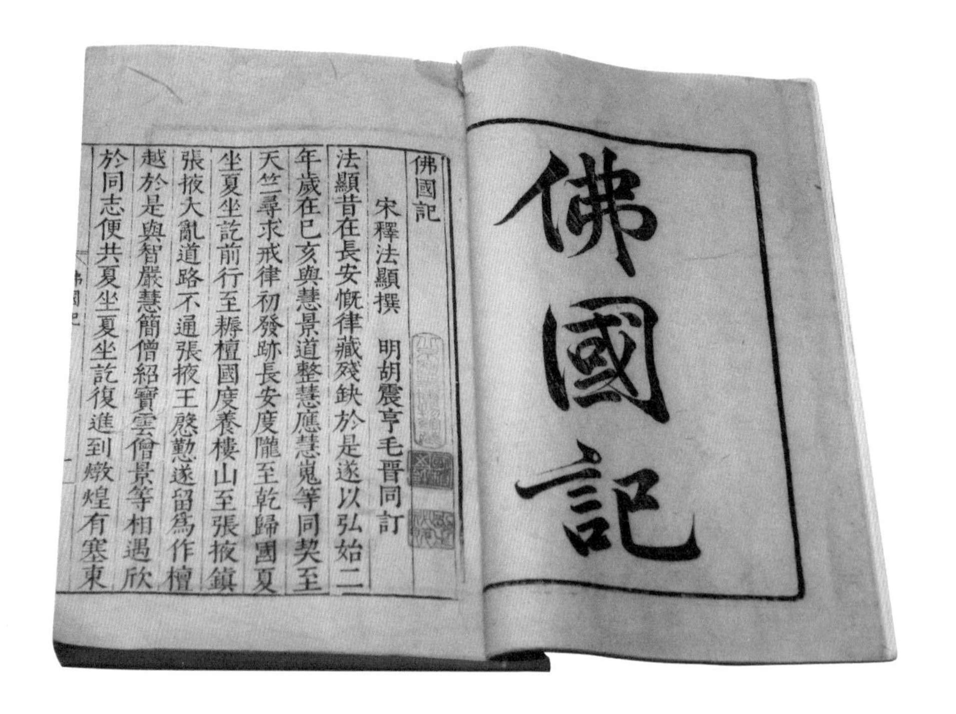

佛國記

宋釋法顯撰　明胡震亨毛晉同訂

法顯昔在長安慨律藏殘缺於是遂以弘始二年歲在己亥與慧景道整慧應慧嵬等同契至天竺尋求戒律初發跡長安度隴至乾歸國夏坐夏坐訖前行至耨檀國度養樓山至張掖鎮張掖大亂道路不通張掖王慇懃遂留為作檀越於是與智嚴慧簡僧紹寶雲僧景等相遇欣於同志便共夏坐夏坐訖復進到燉煌有塞東

佛國記

楼兰古城为什么消失，仍旧是一个未解之谜。考古爱好者一直致力于恢复古楼兰，但直到现在，楼兰依旧风沙肆虐。楼兰的消亡足以说明，人只有与自然和谐相处，才能得到长足的发展。

罗布泊是古楼兰的生命之源吗

说起楼兰，不得不谈到被称为“死亡之海”的罗布泊，很多探险者与考古学家都葬身于此，给这片土地蒙上了神秘的面纱。有人说，罗布泊是古楼兰的生命之源，它们之间到底有哪些联系呢？

罗布泊，位于塔里木盆地东部最低处，曾经是中国第二大盐水湖，现在仅有大片盐壳，被誉为“消逝的仙湖”。这里原名罗布淖，先秦时的地理名著《山海经》中也有记载，称之为“幼泽”，也就是“多水汇集之湖”的意思。和古楼兰一样，这里也曾经水草丰茂、飞鸟成群，往来客商人声鼎沸，与今天的荒凉形成了鲜明对比。

罗布泊与楼兰可以说是相互依存的，罗布泊就像一个使者，静静护卫着楼兰，是古楼兰的生命之源。可是东汉以后，由于河流改道，导致楼兰严重缺水，最终无声无息地退出了历史舞台。曾经水草丰茂的罗布泊，现在也只是一片干涸的盐泽。清代末叶，罗布泊成了一个不起眼的小湖，谁也不能将这个小湖与当

▲ 罗布泊

年的罗布泊联系在一起。幸而后来塔里木河改道东流，到 20 世纪 50 年代时，湖的面积又达到了 2000 多平方千米。等到 20 世纪六七十年代的时候，塔里木河、疏勒河下游断流，罗布泊渐渐干涸。

今天的罗布泊寸草不生，已经成了“死亡之海”，轮廓整体看起来像人的一只耳朵，与周围的塔克拉玛干沙漠融为一体。尽管如此，罗布泊地区仍然拥有丰富的矿藏资源，这里有全国第一的钾盐资源。

统万城是如何建造的

在陕西省靖边县北面的毛乌素沙漠南，屹立着一座宏伟醒目的古城遗址，因为古城的城墙显白色，所以当地人把这座古城遗址称为“白城子”，这就是今天的统万城。

提到统万，就不得不说匈奴。统万城，是匈奴人在世界范围内留下的最后一个都城遗址，也是隋唐盛世的北方重镇。早在东汉时期，南匈奴人就已经掌握了一些筑城的技术，他们很早就开始筑城而居，不仅可以保存大量战利品，而且可以防御敌人的进攻，这是南匈奴人长期学习的结果。大夏国王赫连勃勃，是当时匈奴铁弗部的首领，正是他建立了这座神秘的都城。公元 413 年，赫连勃勃正式下令开始修建都城，他任命大臣叱干阿利为总工程师，历时 6 年终于建成。根据赫连勃勃的命令，当时的大臣胡义周写下了气势磅礴的《统万城铭》，文章将当时竣工不久的统万城恢宏壮丽的景象展现得淋漓尽致。今天，我们重读《统万城铭》，依旧为那种恢宏的气势所折服。2012 年，统万城被列入中国世界文化遗产预备名录，尘封千年的大漠古城将再次呈现在世人面前。

相传统万城的城墙十分坚固，甚至可以用来磨刀，历史上对统万城修建工作的描述也充满了传奇色彩，其中有“混合米浆筑城”的说法，但在那个物质生产并不十分富裕的时代，真的有如此奢侈的条件来修筑城墙吗？现代考古工作者经过对统万城土质的检验，已经揭开了统万城建筑工艺的谜团，当时使用生石灰加水烧制成熟石灰，很容易产生大量的蒸气，远远看去，以为是在蒸煮什么东西，白色的石灰水外观也与米浆相似，这可能就是“混合米浆筑城”之说的由来。

统万是如何灭亡的

坚固的白墙，矗立的马面，高耸的角楼……这是大夏国都城——统万的真实写照，统万取“一统天下，君临万邦”的意思。大夏国建于公元407年，公元432年灭亡，短短25年时间就让一个国家走向灭亡，原因何在？固若金汤的统万城为何被攻陷？骁勇善战的匈奴人又身在何方？

我国东汉初年，匈奴分裂为南北两部，东汉朝廷趁机扶持南匈奴，共同对付北匈奴，战败的北匈奴一路向西迁移，这场迁徙持续了几个世纪，赫连勃勃也是其中的一员。公元5世纪初，他建立大夏国，并于公元413年开始修建都城——统万。公元425年，赫连勃勃去世，仅仅两年之后，即公元427年，统万城被北魏降服，并降级为统万镇。大夏国灭亡之后，统万城的建制也发生了改变，公元994年，北宋军队打败西夏之后，宋太宗下诏毁废统万城，城内居民迁往他处，由于地处毛乌素沙漠，废弃之后的统万城逐渐被黄沙掩埋，在人们的视线之中消失。

▲ 统万城遗址

有专家认为，在匈奴与中原王朝三四百年的战争中，匈奴人不断南迁或西迁，由于内外交困，他们不得不选择与别的民族融合；也有专家认为，今天的匈牙利人就是匈奴人的后裔。当然，这些说法仍有待考证，至于匈奴人的去向，到现在还是一个未解之谜。

2 被水火吞噬的城市

庞贝城的消失是人祸还是天灾

根据历史学家的考证，在距今2000年前，意大利维苏威山麓种满了葡萄，庞贝位于山麓和海之间，是罗马人的聚居地，也是当时世界上最美丽繁华的城市之一。萨尔诺河流向那不勒斯湾，环绕着庞贝古城，是古罗马帝国连通世界各地的纽带。但是，盛极必衰，这股骄奢淫逸之风使庞贝族人生活放荡无度，这在庞贝城的遗迹中也有所表现，它甚至被称为“酒色之都”。就在公元79年8月24日，大地颤抖，吼声隆隆，维苏威火山喷发

▼ 庞贝城的断壁残垣

着滚烫的火山灰向山脚下的庞贝袭来，在火山的怒吼中，庞贝城连同城里至少5000名居民无声地消失了。

直到1500多年之后，在1594年，当地居民挖水道时，触碰到了一处房屋的屋脊。1739年，当地人阿尔比勒在考察地下隧道时偶然发现了一条地下坑道和剧场、神殿。1789年，人们又挖到一块石碑，上面刻着庞贝的字样。200多年的考古挖掘工作，让庞贝古城重见天日，也再现了火山爆发时的凄惨情景。

有人曾说："这城中的罗马人生活这样荒唐，难怪要遭受天神的惩罚。"这话在一定程度上说明了庞贝城的灾难既是天灾，又是人祸。今天的庞贝已经成为一片废墟，只有隐藏在废墟中的岁月痕迹让人唏嘘，让人依稀能够看到往日的繁华。

小贴士

公元初年，根据维苏威火山的地形地貌，著名的地理学家斯特拉波断定它是一座死火山。直到公元1世纪，维苏威火山一直没有爆发，而是处于休眠状态，但它的突然爆发毁灭了整个庞贝城。

庞贝城为什么在2000年之后仍然能保持色彩绚丽

公元79年，维苏威火山爆发，庞贝被掩埋在了火山灰下。随着庞贝古城的挖掘，那段悲怆的记忆重新出现在世人面前。尽管已经过去近2000年，但令人惊奇的是，庞贝古城的城墙墙体仍然能保持色彩绚丽，什么原因使得庞贝古城在近2000年之后依旧“青春永驻”呢?

在庞贝古城里，考古学家发现了许多色彩鲜艳的壁画，壁画

▼ 庞贝古城壁画

中的红色依旧清晰可见。有研究人员在分析颜料样本后认为，庞贝古城的壁画与普通的古罗马壁画不同，创作壁画的颜料里面掺有一些结晶物，这种结晶物能使色彩更加鲜明。这从侧面体现了古罗马高超的颜料制作技术。凭借如此精良的颜料和高超的技术，庞贝的壁画令人叹为观止，这些壁画大多绘制于公元前 2 世纪到公元 79 年，代表作有《狄俄尼索斯秘仪》《伯特维斯之间》等，从中可以窥见古代罗马的绘画成就。

因为独特的古城遗址和历史悠久的文化，庞贝被称为“天然的历史博物馆”。今天，旅游业已经成为庞贝古城的支柱产业，古城遗址、大教堂等每年都吸引着数百万的游客。

米诺斯王宫为何被称作迷宫

克里特岛有一个有趣的称呼——长船之岛，这是由于克里特岛如长船般横列于希腊和北非之间。克诺索斯是克里特岛上的一座米诺斯文明遗址，传说雅典艺术家、雕塑家、建筑师代达罗斯为国王米诺斯在此修建了一座著名的迷宫。据说，只要走进这座迷宫，就再也找不到出口了。这种说法是真的吗？让我们一起去看看吧！

史学界有一种说法，认为米诺斯文明大部分是宫殿文明。科学家们认为在公元前 3000 ~前 2000 年，克里特岛上就出现了第一批宫殿。1900 年，英国考古学家阿瑟·伊文思对米诺斯王国心

▲ 克诺索斯迷宫

生向往，他决定来到克里特岛进行考古发掘，解开一个个神秘的谜团。功夫不负有心人，历经长达几年的考古研究，伊文思和他的助手发现了许多有价值的线索，他们在岛上发现了多座古城遗址，并最终发现了克诺索斯迷宫。

考古学家发现的克诺索斯迷宫占地约 2 公顷，宫殿里房间鳞次栉比，有几百间之多，其间还有错综复杂的廊道连接，身在其中，犹如迷宫。在当时那个时代，能建造出如此高水平的建筑，让考古学家叹为观止。在迷宫里，考古学家还发现了制作精良的陶器和栩栩如生的壁画，尽管年代久远，但这些文物的色泽依然鲜艳如初，让人感到不可思议。

米诺斯王国为何一夜覆亡

米诺斯王国曾称雄爱琴海，是联系亚、非、欧三洲的重要纽带。米诺斯文明拥有上千年的辉煌，充满智慧的米诺斯人充分发挥自身优势，凭借优越的地理位置，建造了世界上较早的海军，并成为当时盛极一时的海上霸权国家。那么，米诺斯王国又为何一夜覆亡呢？

米诺斯王朝的传说、克诺索斯迷宫发掘的秘密……这些都为米诺斯王朝的灭亡提供了佐证，即米诺斯人与希腊人进行交易时

▼ 米诺斯王宫陶器

惹恼了希腊人，最终被希腊人征服。但这毕竟只是传说，不仅在希腊历史上没有任何记载，甚至也不能让人信服，这样一个强大的国家怎么会在一夜之间毁于一旦呢？对此，科学家们进行了不懈的探索，终于在对克里特岛以北130公里处的桑托林火山的地质研究中找到了答案。

大约在公元前1500年，一场灾难降临克里特岛，桑托林火山喷发，米诺斯王国几乎在一瞬间就被深埋地下。更为可怕的是，火山爆发引发了次生灾害海啸，高达60米，彻底摧毁了克里特人的家园，岛上的城市无一幸免。就这样，一个辉煌的王朝从此消失。

在考古中，考古学家们在遗址中发现了2000多块用黏土制成的泥板。在泥板上，由线条构成的文字还清晰可见，这就是传说中的线形文字。说到线形文字，共有130多个符号。1953年左右，考古学家才破译了其中的一部分文字，从破译的结果看，泥板上记录着王宫的账目。

蒂怀鲁瓦是如何灭亡的

蒂怀鲁瓦是新西兰北岛优美的景点之一，这个“世外桃源”宁静而安逸。事实上，新西兰是地热地带，蒂怀鲁瓦所在的北岛更是地热区集中地，即使走在街上，随处也可以看到冒出的阵阵热气，就连普通的泥塘里也不断冒着气泡，硫黄味也十分浓重，

▲ 远眺塔拉威拉火山

因此蒂怀鲁瓦所在地罗托鲁阿也有“硫黄城”的别称。

尽管已经过去了几个世纪，塔拉威拉火山对当地人来说依然代表了无上的荣光，只有地位最高的领导人才有资格埋葬在山顶。今天，蒂怀鲁瓦的标志性景点——塔拉威拉火山再次进入休眠期，但它仍然开着一个6千米的裂口，不禁让人回想起1886年的那次灾难。

蒂怀鲁瓦湮灭之村又被称为“埋葬村”，单是这个名字就让人感到毛骨悚然。这处世界闻名的景点坐落在新西兰罗托鲁阿。如今的“埋葬村”已经成为新西兰一处自然的露天博物馆，它见证了新西兰历史上那段独一无二的遭遇。

19世纪的蒂怀鲁瓦是一个繁荣兴旺的小村庄，在塔拉威拉火山爆发前，当地已经有包括旅馆、酒吧、作坊、校舍等70多座建筑。1886 年 6 月 10 日，这个宁静的小村庄迎来了新西兰史上最大规模的自然灾害——火山爆发，被持续的火山灰和岩浆侵袭 4 个多小时之后，蒂怀鲁瓦和周边地区被掩埋在地下两米深的地方。从此，这座小村庄便永远地消失了。

小贴士

蒂怀鲁瓦曾经是新西兰毛利人生活部落的中心，但是火山爆发将蒂怀鲁瓦毁灭并且埋没。作为毛利人的聚居地，这是一处难得的考古重地。

亚特兰蒂斯为何消失

传说中，亚特兰蒂斯这片古老的大陆，拥有高度的文明发展状态，还有“大西洲”或“大西国”的别称。古希腊哲学家柏拉图在公元前 350 年于《对话录》中首次描绘了亚特兰蒂斯，他称，亚特兰蒂斯是一个美丽的岛屿，这个美丽的岛屿毁于一场灾难。但由于一直没有发现亚特兰蒂斯的遗迹，人们甚至怀疑这片土地是否真正存在过。

在柏拉图的记述中，在直布罗陀海峡外大西洋，亚特兰蒂

▲ 亚特兰蒂斯复原图

斯文明高度发达，社会阶级划分明确，文字系统严密，远洋贸易十分繁荣，是大西洋文明的核心。首都波塞多尼亚集中体现了亚特兰蒂斯高超的建筑水平，代表了亚特兰蒂斯文明的巅峰。在离城市不远的山谷中埋葬着亚特兰蒂斯的国王，那里矗立着许多墓碑，上面的文字记录着墓主的一生，埋葬在这里的还有不少官员和艺术家。

▲ 希腊神话中掌管亚特兰蒂斯大陆的阿特拉斯塑像

关于亚特兰蒂斯沉入海中的原因有很多种说法。突如其来的大地震和大洪水让亚特兰蒂斯沉入海底便是其中之一。还有一种说法跟宇宙有关，科学家们认为，当时小行星冲撞地球，陨石从天而降，引发大洪水，而落在地面的陨石则直接袭击了亚特兰蒂斯，此时，正逢火山喷发，曾经宁静安逸的亚特兰蒂斯永远地消失在海洋之中。虽然这两种说法都有一定的依据，但由于证据不充分，科学家也不能确定亚特兰蒂斯到底为何沉入海底。

亚特兰蒂斯消失后，人们一直致力于对它的研究，这片土地和它的故事也成为很多世界名著的素材。在儒勒 · 凡尔纳的《海底两万里》中，亚特兰蒂斯出现在其中。在《变形金刚》中，亚特兰蒂斯指的是超古代的文明，最终却因为滥用微型金刚发动战争而毁灭。这些文学作品或影视作品有一个共同点，就是亚特兰蒂斯代表了失落的文明，人们将不会停下对失落文明追寻的脚步。

坎贝湾“黄金城”为何被称为世界七大水下古城之一

在世界的某些神秘海底或湖底，有许多远古建筑的遗址，它们或毁灭于地震，或湮灭于海啸。坎贝湾“黄金城”就是这些远古建筑遗址中的一座。

在印度洋西部阿拉伯海岸，有一个神秘的海湾，这就是坎贝湾。坎贝湾长度在 210 千米左右，宽度相差较大，有 25 ~ 200 千米，处在德干半岛和卡提阿瓦半岛中间。得天独厚的地理条件让坎贝湾成了农业中心。除了农业经济，坎贝湾也是当时著名的商业贸易中心。距离坎贝湾不远的沿岸，人们在这里以及孟买高地上发现了大量石油，这种全球稀缺能源的发现让坎贝湾的经济水平迅速提高，并一跃成为石油贸易的重要集散地。

顾名思义，水下建筑是指在水底下存在的建筑物。静静躺

▲ 凯科夫岛水下遗址　　▼ 千岛湖水下古城遗址

卧在印度洋西部海岸的坎贝湾“黄金城”被发现后，一个令考古学家兴奋而又困惑的谜团出现了。考古学家认为，水下纪念碑是人为建造出来的，它们的建造者或许就是来自最古老文明的亚洲人，而且这些水下构造的形成不可能是靠大自然的力量，这一定是人类的杰作，如果没有高度的技术水平和一定机械手段的支撑，水下奇观难以形成。

这座埋藏于印度海域的9500年前的远古水下废墟，与埃及亚历山大水下古城、泰国科万帕瑶湖底寺庙、日本与那国岛水下金字塔、古巴哈瓦那巨石废墟、欧洲北海水下景观、亚特兰蒂斯岛一起被称为世界“七大水下古城”。尽管以前也曾发现过类似的水下古城，但保存如此完整的建筑结构还是让考古学家们大吃一惊。在遗址中发现的人体残骸更让全世界把目光投向了印度海域。最终，这座远古水下废墟没有让人们失望，它将印度坎贝湾地区考古发现的历史提前了5000年，给科学家研究印度坎贝湾地区提供了珍贵的史料。

坎贝湾“黄金城”为何消失

在印度，有许许多多关于洪水的传说，这引发了我们的猜测：那个毁灭“黄金城”的罪魁祸首是洪水吗？要想知道这个问题的答案，就快跟随考古学家的脚步去坎贝湾一探究竟吧！

在印度教中，苦行僧摩奴是人类的始祖。传说中，在遭遇洪水时，摩奴建造了一艘大船，这艘船上保存着象征希望的种子，最终的归宿是一座高大的山峰顶部。摩奴有自己的使命，要在大洪水之后，历经种种艰辛重新点燃文明的火种。

印度河谷文明被称为古代世界最为神秘和影响力最大的文明之一是当之无愧的，但值得思考的是，坎贝湾的“黄金城”，一个可能是被洪水淹没的城池，与印度河谷文明，这两者竟然如此接近，如此巧妙的“安排”又要告诉我们什么呢？这些谜底等着你去解开！

考古学家利用先进的现代科技，得到了几万年以来印度洋海岸的变化轨迹。2.1 万年前的印度大陆西北部还是陆地，而现在早已成为一片汪洋大海；1.35 万年前印度大陆的海岸发生了巨大的变化，陆地面积越来越小，只剩下一个岛屿。后来，陆地终于被完全淹没了，不过那已经是距今 800 多年前的事情了。800 多年后的今天，沧海桑田，斗转星移，地形又发生了一些变化，但坎贝湾仍然沉睡在海水的深处。

3 因战争毁灭的城市

特洛伊古城的发现向世人说明了什么

特洛伊古城在哪里？它真的存在过吗？今天的土耳其，正是特洛伊古城遗址的位置，具体地说，特洛伊古城遗址处在达达尼尔海峡主要港口查纳卡累以南 40 千米处的西萨尔利克。如今，爱琴海海岸线不断前移，尽管特洛伊古城曾经靠海，现在也与海岸有了十几千米的距离，空空如也的沙滩上唯独留下了一座高大的木马复制品，它在时刻提醒人们“木马屠城”的故事。

雅典娜神庙遗迹、议事厅、市场、剧院的遗迹向世人证明了特洛伊古城的真实性。可以确定的是，《荷马史诗》中的记载有一部分的确是真实存在的。这些往昔宏伟壮观的建筑如今早已成了断壁残垣，考古学家在这里发现了特洛伊城遗址，这些遗址时间跨度大，分为九个时期，从公元前 3000 年到前 100 年。其中有一座年代久远的城堡，大约建于公元前 2600 ~ 前 2300 年，直径 120 多米。距特洛伊古城遗址不远处有一座博物馆，这是目前土耳其唯一一座收藏特洛伊文物的博物馆，可是里面陈列的文物却寥寥无几，这是为什么呢？原来这里曾经发掘出了大量珍贵文物，但都被西方文物盗窃者偷走，就连普里阿莫斯国王的宝库和海伦的项链也难逃厄运。今天，沿着巨石垒砌的城墙大门往里走，城内的高台和石刻都已经破损，留存下来的神庙和祭坛更为这座城市增添了许多神秘的色彩。

▲ 特洛伊遗址

这座古城大约建于距今5000年前，在当时就成了控制小亚细亚和希腊商业贸易的战略要地，雄踞爱琴海的希腊城邦对这座古城垂涎不已，在距今3275～3100年时，希腊联军包围了特洛伊古城，世界著名的特洛伊战争爆发。这场战争以特洛伊的覆灭而告终。在战后长达300多年的时间里，特洛伊是一座无人居住的死城。距今约2500年时，希腊人重建特洛伊，后来它又被罗马人占领，最终在距今1600年前，在自然的变迁中，特洛伊古城逐渐退出历史舞台。

尼尼微是如何没落的

尼尼微是古代亚述帝国的都城之一，也是当时著名的政治、文化中心。在公元前 8 世纪到前 7 世纪的亚述王辛那赫里布时期，尼尼微达到了鼎盛时期，当时的尼尼微繁荣昌盛，甚至可与巴比伦城媲美。高大的宫殿、庄重的庙宇、美丽的公园、斑驳的城墙、宽敞的图书馆等基础建筑在今天仍然为人们所津津乐道。但尼尼微人在历史长河中流传下来的名声并不好。在战争中，尼尼微人穷兵黩武，极为凶残。

尼尼微城在公元前 632 年走到了尽头，由于尼尼微人长期烧杀抢掠、欺凌弱小，巴比伦人、西徐亚人、米底亚人围攻这座城市，随后便掀起了猛烈的反抗浪潮，埃及独立，腓尼基、叙利亚也纷纷加入独立的队伍。不仅如此，天公不作美，自然灾害也在这个时候向尼尼微袭来。来势迅猛的洪水瞬间冲破城墙，敌军随之冲入尼尼微城，将这座历史上久负盛名的城池付之一炬。在此之后，尼尼微就成了一座无人居住的废墟，消失在美索不达米亚的历史长河之中，显赫一时的军事帝国亚述也从世界上消失了。

如今，纪念尼尼微的一些图书馆中还保存着许多楔形文泥板文书，其中包括宗教铭文、文学作品和科学文献等，成为研究尼尼微历史珍贵的史料。尼尼微古城从 1846 年开始发掘，在 20 世纪 50 年代后还修复了部分城墙。

▲ 尼尼微宫复原图

最先揭开尼尼微神秘面纱的是英国考古学家奥斯丁·亨利·莱亚德，当时是19世纪中叶，这是“沉默已久”的尼尼微面向近代公众的首次“发声”。其实，在1843年，法国考古学家保罗·埃米尔·博塔就因发现了一处皇宫的遗迹而引发了世人的关注，但当时人们并不能判断出这就是尼尼微的建筑。在此之后，英国考古队又组织了多次发掘，20世纪50年代伊拉克政府也开始行动，他们在英国考古队发掘的基础上继续进行发掘和整理，并对景观进行了一定程度的修复，尼尼微成了西亚重要的历史名胜之一。

时至今日，仍有大量亚述人生活在尼尼微附近，使用的也依然是古老的阿拉米语。

底比斯是何时毁灭的

在希腊中部皮奥夏地区，也就是现在的维奥蒂亚州，有一个神秘的城市——底比斯忒拜。公元前 4 世纪初，这座城池到达了繁荣的巅峰，那一时期，底比斯的繁荣程度已在古希腊著名城邦希腊、斯巴达之上。

在希腊神话中，底比斯同样占有重要的地位，关于它的传说和记载非常多，这是底比斯历史中非常浓墨重彩的神话时代。底比斯的兴起要追溯到公元前 371 年，这一年，底比斯人在留克特拉战役中打败了当时希腊世界的霸主——斯巴达，从此以后，底比斯成为希腊最强大的城邦。然而好景不长，公元前 338 年，马其顿国王腓力二世入侵希腊，雅典、底比斯与其他的城邦国家组

▼ 底比斯卢克索神庙

成联军抵抗，却以失败而告终。两年之后，公元前 336 年，亚历山大大帝再次入侵希腊，包围了底比斯，之后，底比斯灭亡了。

今天，希腊的底比斯已满目疮痍，昔日的辉煌早已不在，只有少量的出土文物才能证明这里曾经是希腊最为强大的城邦，让人唏嘘不已。

固若金汤的迦太基城是怎样灰飞烟灭的

在北非突尼斯北部，距首都突尼斯约 18 千米的地方，迦太基城邦遗址巍然屹立。繁盛时期的迦太基帝国势力强大，繁荣富庶，是当时地中海地区政治、商业和农业中心之一，可谓盛极一时。

可以确定的是，迦太基的建城时间比罗马还要早。那么，迦太基城为什么走向了毁灭呢？纵观迦太基帝国的历史，核心词就是“战争”，在建立初期，迦太基作为腓尼基城邦苏尔在外建立的一个殖民地，它一直在争取独立，随着力量不断壮大，迦太基一度与古希腊抗衡，争夺地中海的海上霸权地位。“后起之秀”古罗马帝国也与迦太基争夺海上霸权，布匿战争一共进行了三次，波及范围遍及地中海沿岸的西西里、撒丁、意大利南部。第三次布匿战争，古迦太基和古罗马分别在地中海西部和南部确立了自己的霸权地位，双方决一死战，损失惨重，最终以古罗马的胜利告终，迦太基为此付出了很大的代价，几乎失去了除北非领土以外的所有领土，但这并不是最坏的结果。公元前 146 年，古

▲ 迦太基城遗址

罗马攻破迦太基城，古迦太基灭亡，战争以古罗马的胜利而告终，迦太基最终成为古罗马的阿非利亚省首府。

古迦太基灭亡之后，古罗马军队将迦太基城夷为平地。公元439年，迦太基城再次易主，成为汪达尔王国，533年又成为东罗马帝国的属地。公元7世纪，迦太基帝国被彻底废弃，这座历经沧桑的古城千疮百孔，终于完全消失在历史长河之中。

1978年，联合国教科文组织将迦太基遗址列入第一批《世界文化与自然遗产名录》，突尼斯在这个遗址上建立了国家考古公园。今天，迦太基游人如织，这座历史名城让人们得以领略古代文明的风采。

库斯科为什么遭到了毁灭

你们知道“安第斯山王冠上的明珠”指的是哪个城市吗？大概只有位于秘鲁南部的库斯科能配得上这个美誉。在克丘亚语中，库斯科是“肚脐”的意思，也有一种说法是，库斯科意味着世界的中心。它是美洲最古老的城市之一，住在这里的大部分人都是印第安人，这里一度是印加帝国的都城，也是世界著名的考古中心和印加文化中心。这里气候宜人，林木葱茏，当初的古印加帝国慧眼识珠在此定都，那为什么后来却遭到了毁灭呢？

11 世纪正处在印加帝国初期，当时的皇帝曼科卡巴克主持兴建了库斯科，经过不断发展，库斯科在印加帝国时期成为帝国的首都。1535 ~ 1536 年，西班牙殖民者势如破竹，一举攻破了这座城市。不久之后的内战使库斯科再次易主，并入了秘鲁总督的管辖区，首都变为利马。16 世纪对于库斯科来说是个太平的时代，这一时期，库斯科印加城市的布局保存完好，一些城市广场和印加棋盘式的街道布局就是在那一时期保留下来的。1650 年，库斯科的命运急转直下，一场突如其来的大地震让重建的库斯科城毁于一旦。1670 年，库斯科按照巴洛克风格进行重建，西班牙人虽然是库斯科的侵略者，但在文化上保留了印加人的神庙、城墙等建筑，他们在原有的基础上进行建设，著名的圣多明戈教堂就是在太阳神庙的基础上修建的。总之，两种风格相互糅杂，两

▲ 圣多明戈教堂

种文明相互融合。1790 年，库斯科整座城市被占领，此后不断衰落，人们也不断迁出，这里逐渐成了一座空城。

在历史的长河中，库斯科一次又一次经受着被毁和重建的命运，幸运的是，这些珍贵的遗迹保存了下来，仿佛在向我们讲述着库斯科多舛的国运和与命运抗争的勇气。

高昌为什么毁于一旦

吐鲁番，史称“高昌”，高昌曾是丝绸之路上长期繁荣的一个历史古城，是以汉文化为主导的地区。高昌曾经有甘甜的瓜果和香醇的美酒，在漫长岁月里是丝绸之路上的要塞，却无声无息

▲ 高昌遗址

地消失在历史的云烟之中。公元前 1 世纪，高昌古城初具规模，刚开始的时候称为“高昌壁”，后来先后历经高昌郡、高昌王国、西州、回鹘高昌、火洲等时期，时间长达 1300 余年，最终在公元 14 世纪时在战争中被毁灭。

高昌国正式建立于公元 460 年，公元 7 世纪是高昌国的巅峰时期。那时的高昌，驼队南来北往，商品琳琅满目，是举世闻名的丝绸之路的重要门户。公元 640 年，唐太宗出兵讨伐高昌，高昌国暂时退出历史舞台。然而风水轮流转，公元 866 年，回鹘高昌国建立，因为回鹘族中的一支军队率兵攻破高昌，使高昌脱离了唐朝的统治。历史的车轮到了元朝，高昌开始依附蒙古帝国，被元朝政府改为畏兀儿王国。自此，回鹘高昌的国运逐渐衰微。公元 13 世纪末，反叛元朝的海都攻打高昌，回鹘人民浴血奋战，最终不敌海都，高昌陷落。海都还放火焚烧了这座城市，从那以后，高昌故城逐渐被废弃，曾经的汉唐辉煌到底经不住战火的摧残。到如今只余残垣断壁、满眼荒凉。

高昌国时期真的有“万博会”吗

如果说高昌国时期也有“万博会”，很多人都会觉得惊讶万分，但这绝非信口开河。据史书记载，高昌国的第九代国王麴伯雅曾举办过一个大型集会，其规模与今天的万博会相当，这个集会集合了世界各地的商人，他们衣着华丽，在琳琅满目的商品间穿梭。

早在汉唐时期，高昌就是沟通中原、中亚和欧洲的纽带，人们在这儿进行贸易活动，高昌为波斯的商人提供中原的丝绸、瓷器等，又换来香料、宝石等西域商品，商品的流通促进了高昌经济与文化的繁荣。高昌和中原王朝一直都保持着密切的往来，隋朝大业年间，麴文泰就曾跟随父亲麴伯雅来到中原学习先进的文化和技术，思想受到中原文化的极大影响。后来到了唐朝，麴文泰对前往印度取经路过高昌国的高僧玄奘大为赞赏，此后大力宣扬佛教。据说，麴文泰在位期间，高昌国有3万人口，僧侣就占了十分之一，可以说，麴文泰对中国古代佛教的发展起了一定的促进作用。

直到今天，在新疆吐鲁番地区火焰山脚下，我们依然可以看到高昌国王麴文泰为玄奘修建的讲经坛。现在留存下来的高昌故城被誉为“长安远在西域的翻版”，其内外建筑布局和唐代的长安城非常相似，是中国古代西域留存至今最大的故城遗址。

4 神秘消失的城市

“雕塑之城”科潘王国真的是山东人建立的吗

位于洪都拉斯首都特古西加尔巴西北部的科潘是玛雅文明中最古老且最大的古城遗址，也被称作“雕塑之城”。作为玛雅文明中十分重要的考古遗址，科潘古城是古代玛雅人的宗教和政治中心之一。金字塔、广场、庙宇、雕塑等建筑十分醒目，其中最引人注目的就是科潘古城的雕塑了，因而人们亲切地称这座城市为“雕塑之城”。科潘古城的核心部分主要有金字塔、祭坛、石阶、36块石碑和雕刻等。

科潘最著名的景点是高30米的金字塔，上面记载着玛雅人的重大事件，在广场附近的庙宇上雕刻着人头石像和狮头人身像，墙壁和门框上还有人像浮雕，这些浮雕中的人大多为男性，目前只发现一个是女性。科潘

▲ 科潘金字塔

栩栩如生的雕塑是我们破解玛雅文明的密码之一。

早在公元前 1100 年，玛雅人独具慧眼，选择来到科潘，在这里过上无忧无虑的生活。公元前 426 年，一位号称“蓝鸟”的王子来到科潘，很快就得到了当地人的拥立，建立了科潘王国。考古发掘中，考古学家找到了科潘王的雕像，很多人都觉得他很像中国的山东人，于是提出了科潘王国是山东人建立的假设，他们认为科潘王有可能是商人的后裔，科潘王的相貌很容易让人把他与当年商人东渡大军中的山东人联系在一起。

在“蓝鸟”王直系子孙统治科潘的 400 年间，科潘一跃成为玛雅南部最大的城邦，科潘的王位继承按照世袭制的原则一步步传承，通过征战，他们不断扩大领土，商业贸易也很发达，科潘人逐渐控制了整个玛雅地区的玉石交易。但就“科潘王国是否是山东人建立的”这个问题，由于现在没有足够的证据，考古学家也不能确定答案。

科潘王国是怎样消失的

科潘王国发展到了中后期，也就是在公元 628 年到公元 738 年，达到了鼎盛时期。那么，盛极一时的科潘王朝为何开始走下坡路，并最终走向灭亡呢？

今天我们在科潘看到的石碑、球场等，大多是鼎盛时期留下的文明见证。当时，好战的国王灰虎通过征战，不断将版图扩大，甚至将附近的基里瓜城邦并入了科潘帝国的版图。历史兴衰往往就在一时之间，让科潘走向下坡路的是灰虎的儿子十八兔。国王十八兔最终被自己指派的基里瓜统治者杀死。帝国也由此开始走下坡路。

凭借之前帝国强大的政治根基，科潘由十八兔的儿子图克统治。但天公不作美，图克登基后不久，科潘就遭遇了一系列的大灾难。战争、洪水、疾病、旱灾接踵而来，无数玛雅人的性命在天灾人祸中失去。这彻底毁灭了他们心中对科潘王仅剩的一点点信念，人们纷纷弃城逃跑。公元 1200 年之后，科潘古城逐渐废弃。

当美国人史蒂芬在 1839 年重新发现科潘古城遗址时，这里

▲ 科潘球场

已是一片凄凉。史蒂芬说："科潘就像一条散了架的古船，搁浅在一片茫茫的林海之中。"

马丘 · 比丘为何神秘消失

你听过"消失在云雾中的城市"吗？你知道"天空之城"在哪里吗？印加文化是南美洲印第安人的三大主要文化之一，印加

▲ 马丘·比丘

帝国是 11 世纪至 16 世纪时位于美洲的古老帝国，也是印加文化发展和成长的摇篮。马丘·比丘是印加帝国的城市之一，也是保存完好的前哥伦布时期的印加遗迹，被称为“失落的印加城市”和“天空之城”，是全球十大怀古圣地之一。

马丘·比丘位于今天秘鲁境内的库斯科，坐落在海拔 2350 ~ 2430 千米的山脊上，被称为“古老的山巅”，遗址四周被热带雨林包围，站在山脊上，还可以俯瞰乌鲁班巴河谷，被列入世界新“七大奇迹”之一。关于印加人为何会在如此高海拔的山上建造这样一个城市，到现在还是个谜，许多考古学家认为这里并不是一个真正的城市，而只是一座 15 世纪的印加王帕查库提的皇家休闲处所。有人把这座失落的印加古城称为“空中城堡”。1983 年，联合国教科文组织宣布马丘 · 比丘是世界文化遗产之一。

数百年前，印加帝国易主，沦落为西班牙的殖民地。随后，原印加帝国的居民也急速锐减。16 世纪，马丘 · 比丘被印加帝国彻底遗弃，直到 1911 年才被偶然发现。那么，马丘 · 比丘人为什么要弃城而走呢？有人认为是由于西班牙殖民者的侵略，其实不然，还未等西班牙人的铁蹄踏上这片土地，马丘 · 比丘人就已经离开。到底是天灾还是人祸，至今难以确定，究竟古城为何突然消失，又为何被神秘遗弃，这些都是印加人留给世界的问题，今天的马丘 · 比丘，只有断壁残垣。

大津巴布韦为什么会衰落

你知道撒哈拉以南非洲规模最大、保存最为完好的石构建筑群是什么吗？你知道除埃及金字塔之外非洲最伟大的人类建筑遗址是什么吗？答案都是大津巴布韦遗址。那么，拥有如此辉煌灿烂文化的大津巴布韦为什么会衰落呢？

大津巴布韦遗址是南部非洲黑人古代文明的杰出代表，早在 900 年前，南部非洲就曾有过高度发达的黑人文明，当时，欧洲和中东还处在愚昧时期。人们经过大概的测算，发现仅仅大津巴

▲ 大津巴布韦遗址

布韦城墙所用的石料甚至可以建造一栋90层的楼房。而津巴布韦城的墙壁用料更为考究，建筑材料几乎都是长30厘米、厚10厘米的花岗石板，中间不用胶泥、石灰等黏结物，却严整牢固。据专家推测，当时的石匠拥有建造学和几何学方面的知识，能够运用滑车、吊车等起重工具，这在世界建筑史上都是奇迹。

小贴士

大津巴布韦城可能昭示着非洲又一个拥有高度文明的古代城市。它与金字塔、“空中花园”一样，都在向我们传达着古代人们的聪明才智。在人类繁衍生息的几十万年里，任何奇迹都有可能发生。

作为中世纪时期处在西面金矿区和东南印度洋之间的贸易中心，大津巴布韦地理位置十分优越。据史学家推测，16 世纪，由于受葡萄牙人的影响，大津巴布韦的黄金贸易量有所下降，加之战争导致的饥荒以及连年干旱，大津巴布韦不再适宜人类居住，人们纷纷迁出。19 世纪时，遗址被破坏，大津巴布韦彻底成为一座废都。

当然，这些仅仅是史学家的猜测，还没有足够的证据证明大津巴布韦湮灭的真正原因，这更给这座已经废弃的古城带来了一丝神秘的色彩。今天，位于津巴布韦共和国内的大津巴布韦遗址，已经成为享誉世界的著名旅游胜地。

摩亨佐 · 达罗为什么神秘消失

在巴基斯坦信德省境内，摩亨佐 · 达罗静静矗立在这里。在发掘前，这里仅仅是一座半圆形的佛塔废墟，谁都不曾想到，小小的佛塔下面竟然掩藏着一个距今约 4500 年的古城遗址。

在很长一段时间内，人们认为古印度文明大约在公元前 1700 年以后，而摩亨佐 · 达罗的发掘，将这一文明至少提前了近 10 个世纪。

在考古学家对摩亨佐 · 达罗遗址的发掘中，他们发现，整座城市已经变成了一片废墟，满目都是遍布的尸骨和燃烧的遗迹。目前，关于摩亨佐 · 达罗如何毁灭的说法不一。比较有可信度的

▲ 摩亨佐·达罗遗址

消失原因是一场特大的爆炸和大火，自然灾害彻底摧毁了这座繁荣的城市，科学家对这种巨大爆炸力的描述让我们感受到了自然界鬼斧神工的力量。其实，关于这种爆炸的说法并不是第一次了，早在古埃及新王国时期法老图特摩斯三世的编年史中就曾经出现过“空中曾出现过一团明亮的火球”的记载。古印度的长篇史诗《摩诃婆罗多》中出现了“天雷”“无烟的大火”“惊天动地的爆炸”等字眼，也被作为大火和爆炸的有力佐证。

除此之外，还有“外族入侵说”“地震说”“飞碟爆炸说”和“环境变化说”等多种说法，真相在这些不同的说法中愈发扑朔迷离，当然，在没有足够的证据之前，谁也不能确定摩亨佐·达罗消失的原因。

第二章

远去的希腊文明

古希腊是一个神话色彩十分浓厚的文明古国，可以说要探寻古希腊文明的奥义，就必须先了解古希腊神话。古希腊人崇拜的神灵以各种姿态出现在一个个生动的故事中，展现了古希腊神明独特的性格。同时通过古希腊神话，我们还能够了解到古希腊人丰富多彩的精神世界和敬神传统。这些故事许多都成了日后西方文化中约定俗成的典故，成了西方文化源头的一部分，为西方文化的发展奠定了深厚的文化基础。

古希腊神话有什么特点

在人类文明滥觞时期，古希腊神话的确可以算得上是一件精美的杰作。它不仅保存了大量古希腊文化和宗教信仰的特点，而且人物众多，故事情节曲折动人，具有相当高的美学和人文价值。

首先，有一种普遍的说法是，古希腊神话有一种神人同形同性的特点。所谓同形同性指的就是神和人拥有相似的形象，并且神和人有相通的性格和处事逻辑。通过众多的神话，我们不难看出，古希腊的神明不仅有差异万千的性格，甚至也不是完美的存在，他们会和人类犯一样的错误，有着同样罪恶的想法，等等，这使得古希腊的诸神似乎更加具有“人情味”。

其次，古希腊神话中的神明并不完全是一副严肃的面孔，显得高高在上，只等待着人们的祭祀。相反，古希腊神话中很多人类的大事件，神明都是积极参与的。比如传奇的特洛伊战争，各路神祇参与到双方的战斗中。

最后，古希腊神话中的人物似乎都有各自固定的命运轨迹，尤其是英雄的命运，都带有深刻的悲剧色彩。比如带领船队探险前行的伊阿宋，最后因为自己的变心而遭到美狄亚的抛弃，孤苦而死；战无不胜的阿喀琉斯没有听从母亲忒提斯的忠告，踏上远征特洛伊之路，终于战死沙场。这样的倾向反映了古希腊人对于命运的理解。他们相信一个人无法逃离自己的命运，人所能做

▲ 古希腊神话人物

▲ 古希腊写有人名的陶片

的只有在命运中争取光荣和正义；并且因为每个人的归宿都是死亡，所以，古希腊神话对命运的描述普遍带有悲情色彩。

古希腊拥有充满智慧的文明，它无疑是西方文化的一个摇篮。

古希腊人为何要把名字写在陶片上

考古学家在对古希腊文明的考古研究中，发掘了很多公元前6 ~前5世纪的古代陶片，有趣的是这些陶片并不只有单一的花纹和色釉，在陶片上常常能发现很多古希腊文字。经过语言文字和历史记录的对照分析，人们发现这些文字都代表了一些人的名字。这便是古希腊文明中很重要的一项政治制度：陶片放逐法。

这一制度最初由古希腊城邦雅典的著名政治家克里斯提尼提出，在公元前487年左右开始在雅典等一些古希腊城邦中被实际使用。陶片放逐法规定，每年12月该城邦的公民大会有权利决定这一年是否有人需要被驱逐出自己的城邦。如果认为有必要进行投票，那么就由每一个有投票权利的公民参加投票，把他们心中认为最有可能破坏这个城邦秩序和最有可能威胁集体利益的人选出来，并且强迫他离开城邦，放逐远方。这一过程中，参与投票的公民都在会场，将他认为最应该被放逐的人的名字写在一些陶器碎片上。得票最多的公民就必须在10天内离开自己的城邦。

从这些规定中可以看出，其实陶片放逐法并不是用来判定违法行为的法律条目和规定，也不是对犯法公民的一种惩罚。它实际上是一种制度：通过投票来选出可能危害他们共同生活的城邦的人。通过这一制度，雅典等古希腊城邦很好地保护了城邦的利益，维护了城邦的秩序，也使得每一个公民都有权利管理自己的城邦。但这一制度也有它的弊端，它可能使那些并没有犯罪或没有政治野心的人遭到错误放逐，也可能被一些实际有政治野心的政治团体利用，来对付与他们政见不合的对手。

马拉松为何要跑42.195千米

现代人的思想观念、习俗传统承袭古希腊的地方不胜枚举，从真理观、道德与正义，到使用文字的词源等，无不带有深厚的

▲ 希腊 2 欧元硬币，反面是为希腊人传回捷报的使者斐里庇得斯像

古希腊印记。相比而言，现代奥林匹克运动会的马拉松跑只是其中的一个元素，然而其背后的故事，在当时却是关乎希腊存亡的大事件。

公元前 5 世纪正值东方波斯王国的鼎盛时期，波斯国王大流士自然希望向西部和地中海沿岸开疆拓土，适逢当时爆发了在波斯属地的希腊爱奥尼亚人的叛乱，更给了波斯人发动战争的借口。因此，大流士希望借此一举征服希腊诸城邦。公元前 490 年，在无理的土地要求被拒绝后，大流士亲率十万大军征讨希腊，并首先以雅典为目标。双方在雅典以东的马拉松平原上列阵。战前双方的实力对比极为悬殊，希腊军队在数量上只有波斯大军的十分之一左右。但是，这一万余重装步兵保卫国家的斗志昂扬，并且战法得当——雅典军队列阵部署时，刻意将方阵中部的士兵减少，为的是短兵相接后，用少量部队造成溃不成军的假象，从而诱敌深入，并且从两翼包围敌军。这一战术果然奏效，当侧翼的雅典士兵高呼“正义和自由”向中心围拢的时候，波斯大军早已阵脚大乱、腹背受敌，因此大败而归。这场战役也创造了以弱胜强的奇迹。为了尽早向后方报知获胜的消息，使者斐里庇得斯飞快地跑向雅典，当到达雅典报告胜利的消息之后，他终因体力耗竭而过世。因此，从第一届夏季奥运会开始，马拉松就是参赛项目，距离正是相传斐里庇得斯跑完的42.195千米。

苏格拉底为何而死

苏格拉底是古希腊最伟大的先贤之一。作为西方哲学思想的奠基人，他对于哲学和智慧的渴望异乎常人，并且相信人们的生活不应该是简单地追逐物质生活，而是要跟随自己的本性，追求美德。他拥有超乎常人的智慧，却总感叹自己的无知，能够用智者的诡辩驳倒对方却又不引以为傲，门徒众多却从不收费办学，也不著书立说。但恰恰是这位德行与智识并重的长者，却在暮年遭遇了雅典公民大会的死刑审判。

相传由于苏格拉底的言论时常带有深刻的隐喻和启发性，他在表达的过程中又喜欢用一些反讽的修辞，因此时常遭到其他人的误读，他的许多言论都在雅典引起了广泛的争议。公元前399年，有一部分公民就利用苏格拉底与他人的一些对话，指控他犯

▲ 意大利画家克雷莫纳的作品《苏格拉底之死》

有不敬神和毒害青少年的罪名，并交付公民大会裁决。

苏格拉底在大会上对此进行了申辩，他解释自己游历各地遍寻有智识的人，只是为领悟德尔斐神谕的深意，并不是为了驳斥神谕、不敬神，同时也没有开设学院收徒毒害青少年，等等。但陪审团最终不为所动，依旧判处其死刑。传说苏格拉底的朋友在执行前，曾经买通狱卒，苦劝苏格拉底逃亡国外。但木已成舟的境况和高尚的德行却让苏格拉底选择从容赴死。他饮下毒酒时说："我去死，你们去活，谁的命运更好，只有神知道。"

苏格拉底的生死像一面镜子，影射了雅典的兴衰，他经历了雅典的黄金时代，死于伯罗奔尼撒战后的混乱、衰落时期。一方面，苏格拉底为了捍卫真理和美德而死，成为先贤和典范；另一方面，他的死也反映了雅典暴政的阴暗面。

什么是希腊化时代

虽然马其顿帝国的盛况犹如昙花一现，但是亚历山大的东征真正使希腊文明走出了伯罗奔尼撒半岛和爱琴海沿岸。在这个地跨亚非欧三洲的帝国中，各种习俗、信仰等相互传播、碰撞和融合，创造出了异彩纷呈的文化。由于这种情况得益于马其顿帝国的扩张，史学界将这一时期定义为希腊化时代。但这并不说明希腊化时代只有希腊文化向外输出一种情况，它指的是一种双向交流和融合。

一般认为，希腊化时代主要指的是从公元前 323 年亚历山大大帝过世至公元前 30 年罗马人征服托勒密埃及这一时段，其最突出的表现是文化的发展和变迁。首先，城邦的衰落使得原有的古希腊公民的观念发生了改变，人们开始追求自然和内心的平静，出现了很多哲学思想，比如追求自然和自由的犬儒学派和追求内心宁静的伊壁鸠鲁学派等。其次，文化的碰撞使得科学获得了较大的发展，天文和地理学的理论得到了不同程度的发展，阿基米德等人的出现也使得工程技术得到了普遍的优化。最后，在文化艺术方面，东西方融合的特点尤为突出，表现在雕塑、绘画等作品中。

总体而言，在希腊化时代，在民族人种、文化习俗方面，东西方都进行了广泛的接触和融合。一些古希腊的文化符号，如希腊语等被赋予了官方性，因此产生了最为直接的文明与野蛮的区分。此外，希腊化时代直接影响了罗马帝国的社会与文化。

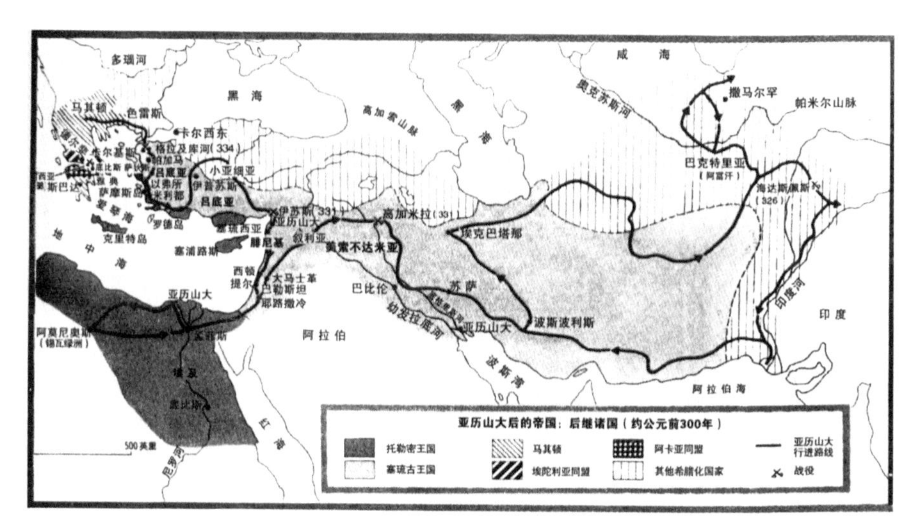

▲ 亚历山大大帝建立的马其顿帝国

▼ 纸币上的亚历山大大帝

古希腊人如何计算时间

对时间的计算是人类社会走向文明的一个重要标志，不同文明对时间的敏感程度和表述方法不尽相同。从现代社会的目光来看，在这一点上，古希腊文明显然表现得相当“先进”。

▲ 计算太阳和月亮位置的安提克塞拉机械

▼ 掌管天文学的缪斯女神

根据历史学家希罗多德的一些记载，古希腊很早就出现了历法，而且是根据太阳的运动周期算出的太阳历。人们据此对农业生产和生活进行安排。在雅典，一年大致被分为 12 个月，每个月约为30天，并且每个月份都有自己的名称。一个月大致平均分为三旬。由于古希腊城邦众多，历法很难统一，所留存的关于历法的记载也不完全准确。但可以肯定的是，由于古希腊较早地进行农业种植，因此计算时间的历法就变得相当重要了。随着社会的进一步发展、城邦的扩大，特别是民主制度在一些城邦的建立、完善，使得公民的参政成为日常生活重要的活动之一。大规模的集体集会和裁决要求更加准确的计时。

于是，除了简单的历法，用以更加精确计时的工具也在古希腊被人们使用。相传柏拉图曾经从近东的文明中获得启发，引进和改良过水钟，用的是类似传统沙漏的方法，利用水滴规律性下漏的原理进行计时。古希腊人对时间准确性的要求似乎普遍比其他文明更高。

除此之外，因为古希腊奥林匹克盛会的存在，一些竞速的项目就要求更高精度的计时仪器。有资料显示，在古希腊文明的后期已经出现了一些金属质地的机械型计时器。

古希腊人有哪些重要的节日

据不完全统计，古希腊人庆祝的节日有300多个，他们的节日大多和神明有关，人们在节日当天祭祀神明，举行庆典。其中比较著名的有酒神节、阿多尼斯节和赫尔墨斯节等。在著名的城邦雅典，一年中的节日竟然达到了140多天。可见古希腊人对于

▲ 意大利画家塞巴斯蒂亚诺·德·皮翁博作品《阿多尼斯之死》

节庆的狂热程度。

酒神节最初是古希腊人为纪念酒神狄俄尼索斯而设立的聚会。起初，酒神节只是神话中酒神狄俄尼索斯组织的神秘聚会。但现实中的人们当天则会大规模地聚集在公共场所一起合唱，以赞美酒神，歌曲轻快、明丽，充满了乐趣。还有一种说法是，人们把酒神节当作丰收节，但庆祝活动大体相同。人们为庆祝物产丰收，在一起庆祝酒神节，因为酒多乃是物产丰裕的表现。除了组织合唱，酒神节中还有很多公共娱乐活动，如许多戏剧都是在酒神节上演的，而组织宴会、畅饮也成为必不可少的内容。因为酒神节不同于其他较为严肃的宗教节日，气氛轻松欢快，所以它在古希腊也格外受到民众的欢迎。

阿多尼斯节是一个专属于女性的节日。它是为了纪念美男子——塞浦路斯国王阿多尼斯而设立的。相传阿多尼斯乃是爱神阿弗洛狄忒钟情的恋人，但是在一次追猎野猪的过程中，遭遇意外过世，爱神因此悲痛不已。宙斯因此恳请冥界让阿多尼斯每年定期返回人间与阿弗洛狄忒团聚。阿多尼斯节一般定在古希腊的四月、五月，女人们庆祝这个节日，当天她们会抬出爱神和阿多尼斯的雕像，意为纪念二者重逢。

小贴士

古希腊人的节日是古希腊文化的一个缩影，它在很大程度上体现出了古希腊人敬神的观念和热衷集体活动的特点。

古希腊人使用什么样的语言文字

古希腊早期文明中有两种原始的文字——线形文字 A、B。这两种在克里特岛上发现的古文字被认为是希腊文的古代形式。其中线形文字 A 至今尚未被破译；线形文字 B 则被现代语言学家利用留存在克诺索斯、皮洛斯和底比斯等地的泥版破译，它被认为是一种用具象的符号表达的音节文字，包含元音和辅音。现代学者能够通过它解读一些迈锡尼时期古希腊人使用的词汇，但是

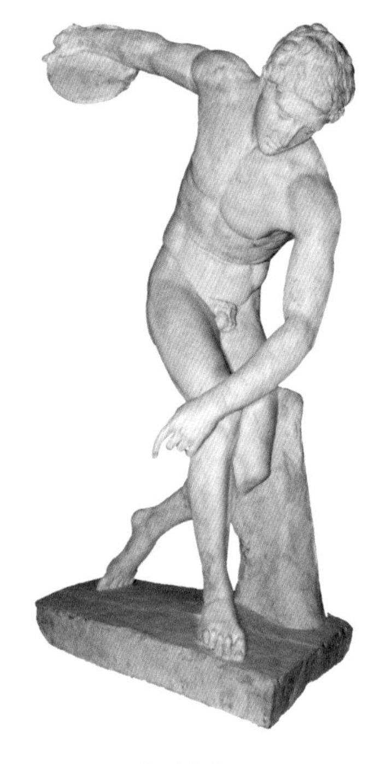

▲ 雕塑《掷铁饼者》

▲ 荷马

并无法由此推测线形文字 A 的规律和含义。

但在线形文字 B 之后，古希腊的黑暗时代并没有再出土过相关的文字记载。直到古风时代，也就是公元前 9 世纪开始，古希腊语的文字才逐渐出现。它见于荷马史诗的篇章中，也成为日后古希腊文明黄金时期各种思想文化、文学作品的重要载体。古希腊语逐渐成为各城邦的官方语言，并随着马其顿帝国的扩张传到东方，变成日后罗马帝国的第二官方语言。但由于古希腊地区山岳阻隔，各希腊城邦间的古希腊语也有诸多差异。一般划分为西部组群、爱奥尼亚－雅典组群等四大古希腊语方言区。

从形式上看，古希腊语也是一种音节文字，分为元音和辅音，共有 24 个字母。由于字母形式和语言特点等因素，一般认为古希腊文也和其他字母语言一样受惠于腓尼基字母。至今我们数学、物理学中的一些符号仍然用古希腊字母来表示。

奥林匹克精神和古希腊社会有着怎样的关系

关于奥林匹克盛会的由来，在古希腊神话传说中有很多的说法。有一种说法是，英雄赫拉克勒斯设立了这一盛会；另一种说法认为，这是国王佩罗普斯为了招婿创办的竞技比赛；还有说奥林匹克盛会就是为了避免各邦国之间的战乱而设立的。无论何种说法，不可否认的是，奥林匹克运动会和它所传达的精神都对古希腊社会有着深刻的影响。奥林匹克运动会是古希腊最著名也最受欢迎的竞技比赛。

有文字记载的第一届奥林匹克运动会于公元前 776 年举办。当时只有赛跑、投掷等一些简单的比赛项目，举办时间持续 1 天左右，并且只允许青年男性参加。这项盛会随后发展出了拳击、摔跤、赛车等新的项目，举办周期定为 4 年一届，每届的举办时间大约为 5 天，其中包括 2 天左右的宗教祭祀活动。参加的城邦数量也逐渐增多。

随着奥运会的发展，它对社会的影响力也逐步增强。首先，在本来就强调形体美和男性美的古希腊人眼中，奥运会竞技成为训练和检验城邦公民身体素质和战斗力的手段。通过奥运会的举办，体育训练在各城邦发展起来，极大提高了公民兵的身体素

▲ 古希腊奥林匹克体育场遗址

质和战斗力。其次，代表城邦出战，成为各城邦公民获得个人荣耀的途径，人们也极度崇拜奥运冠军的获得者。最后，各城邦确实借助奥运会和诸神的名义，实现过暂时的休战。从此，相互理解、友谊、团结和公平竞争的奥林匹克精神被延续至今。

古希腊人的家庭生活是怎样的图景

家庭是一个社会的基本组成单元，影响着社会的兴衰。那么作为西方文明起源的古希腊社会中，普通公民的家庭生活究竟是怎样一幅图景呢？

因为婚姻是家庭的纽带和组成家庭最基本的条件，所以我们

▲ 古希腊家庭用餐场景

首先要了解古希腊人的婚姻关系。据记载，在古希腊的诸多城邦中，一夫一妻制是得到普遍承认的。但是在男女地位不平等、战争频发、掠夺妇女的情况普遍等因素的影响下，男性纳妾现象也比较多见。并且公民的婚姻不只是个人的私事，而是关系到城邦人口和后代延续的重大事务，因此，城邦一般不允许独身现象的长期出现。

在家庭生活中，古希腊社会和一些文明一样，表现出了严重的男尊女卑倾向。妇女是丈夫的财产是得到社会公认的，而且由于妇女在城邦中并没有公民权，因此她们除了出席一些盛大的节日活动，并没有太多机会接触社会，也不被允许参加宴会。妇女的主要任务便是在家操持家务、养育子女等。男性在家中一般拥有绝对权威，富有的自由民命令奴隶完成农务生产，自己只承担城邦的政治事务和战争义务。此外，在许多城邦中，男性公民有义务教育自己的子女，尤其是传授给男性继承人生活技能，包括战斗技法，还有义务确认男性子嗣加入公民行列。

在家庭财产的继承方面，母系一方的亲属一般不享有继承权。在希腊公民死后，他的继承人一般只是他的父亲、兄弟和儿子，其财产关系也一并归继承人所有。

城邦居民是如何接受教育的

有人说古希腊文明留给世界的最丰厚的遗产，不是它的经济制度，也不是它的军事战略，甚至不是它的民主政治制度，而是它的文化教育。的确很难想象，一个城邦社会能够产生那么多为人类文明做出过贡献的思想家、作家、科学家和诗人等。这一切都可以归功于古希腊的教育。

某种意义上说，古希腊的教育奠定了一些西方教育观念的基石。首先，古希腊的教育并不是一种少数人的精英教育。古希腊推崇公民和平等观念，城邦中的公民都有权利享受教育。以雅典为例，城邦的教育是为了培养合格的公民而设立的。女子在年满7岁后由母亲教授其家务技能等，而男子则需要进入学校学习文法、锻炼体魄，成年后还需要进行两年军事训练，才能够被授予公民身份。其次，古希腊人的教育理念从开始就是一种全面教育，其中包括了体育和审美艺术教育，这促进了城邦公民的全面发展和各方面人才的涌现。斯巴达城邦极为注重少年的体质，相传斯巴达男童需要在野外经历自然的“筛选”，只有足够健康的幼童才能存活。并且男性年满20岁前，都需要接受军事训练。

古希腊城邦一直把培养公民基本素质当作延续城邦兴盛的关键，然而古典时期的希腊出现了另一种形式的教育：智者学派和他们的学徒。这是一种面向中上层社会子弟的教育，由当时的智者收费开办。他们训练学生的思辨能力，主要教授雄辩术和修辞法。而此时，柏拉图创造了另一种教育模式，被称为学园，主要教授政治学、哲学、道德伦理等。柏拉图本人以及后世的亚里士多德都是在这种学院式的环境中获得知识的。学园的设立也更接近现代意义的学校。

星座和星象在古希腊人的生活中有怎样的意义

浩瀚而神秘的夜空，对人类有一种莫名的吸引力。许多古代文明都因此发展出了占星术——通过天体的运动和特殊的天文现象，解释和预言人间发生的事件。但是谈到星座和星象，似乎没有哪个民族比古希腊人更加敏感。

有人曾说过：“对古希腊人来说，与星空相遇就是与诸神相遇。”这句话很好地刻画了古希腊人内心的敬神观念，并且反映在他们看待星空的态度上。我们熟知的十二星座都能在古希腊神话中找到相应的故事。例如，金牛座就来自宙斯与欧罗巴的传

▲ 黄道十二宫

说：相传，多情的宙斯爱上了腓尼基公主欧罗巴，苦于没有办法表达爱意，于是化作一只金牛靠近公主，最后将她掳走至另一片大陆，传说那片新的土地便是现在的欧洲，而那只金牛也就成了天上的金牛座；又如，狮子座来源于赫拉克勒斯十二个任务中的凶猛的狮子，赫拉为了纪念它，在它死后将它升入天空；射手座的前身是一头拥有不死之身的半人马，他在劝阻赫拉克勒斯和族人的争斗中，不小心踩中了沾有毒液的箭头，因此痛苦不堪，又无法以死解脱，最终求助普罗米修斯的法力，这头半人马才得以安详地死去，宙斯为了纪念他，将他变成了空中的射手座。这样的神话在古希腊几乎和天上的繁星一样多，可以毫不夸张地说，古希腊人在每一颗看得见的星辰背后，都藏着一个美丽的传说。

星座和星象不仅带来神谕，给古希腊人的生活以启示，还凝聚了古希腊人深刻的神话情怀、敬神观念和求知欲。

为什么说古希腊人有着深刻的英雄观念

古希腊人特有的英雄情怀还要追溯到古希腊神话。赫拉克勒斯被认为是人类英雄的祖先，他的子嗣分散在世界各地，追求荣耀，创造了很多英雄事迹，如著名的忒拜战争和特洛伊战争。《荷马史诗》正是一部清晰地记录特洛伊战争前后经过的英雄赞歌。这便是古希腊人的英雄传统。

到了后来，在许多名门望族的推动下，对英雄的崇拜成为城邦的重要宗教事务。他们以英雄的后代自居，并且以英雄的行为准则要求自己。这一时期，许多为城邦做出过杰出贡献的人物也被称为英雄，比如立法者梭伦等。在一些器物中也能发现纪念英雄的彩画。

严格意义上来说，英雄并不是神，因为他们并不是永生不灭的。但他们是距离神最近的凡人，也是凡人能够企及的最高层次。这些英雄要么有建立城邦之功，要么英勇善战、运筹帷幄，或者德行过人、才智超凡，因此成为每一个希腊人追求的目标。因为希腊人自称是英雄的后裔，崇尚英雄的事迹，所以在有生之

▲ 大力神赫拉克勒斯

年追求真理和荣耀成为公民的义务。这大概也就是很多古希腊人具有良好的道德自律和公民素质的一个原因吧。

古希腊人也通过祭祀表达对英雄的崇拜。在特定的英雄祭日，古希腊人聚集在英雄祠或者英雄墓，焚烧动物皮毛，献上祭祀物品，表达对英雄的纪念。古希腊人的这种英雄情怀不仅在自己的时代感召着城邦公民，也极大地影响了西方文化。西欧许多城市建立的先贤祠都是这种英雄崇拜观的一种体现。

古希腊有哪些陶器艺术品

古希腊特殊的地形和土质，使得陶土资源非常丰富，因此，陶器也就成了古希腊著名的手工业商品。在考古发掘中，陶器的

▲ 古希腊陶器

比重相当大，制作工艺也非常精良。

古希腊出土的陶器一般多为水器，即用于盛放水的器物，包括带耳柄的陶罐、陶杯、陶瓶等。这类储水器物外形上一般小口、大腹、小底座，呈现一种橄榄形，以增加储水量。这对缺水的古希腊和小亚细亚地区来说十分重要。此外，还出土过一些古希腊人制造的陶盘、陶碗，往往做工独特而精致，许多都保存在大英博物馆里。

古希腊陶器不仅器形独特美观，它的纹路和彩绘更是独具匠心。人们通过对各种古希腊陶器的纹路风格进行断代，划分了古希腊制陶的五个时期，分别是几何纹时期、东方纹时期、红底黑纹时期、红绘纹时期和白底彩绘时期。

在几何纹时期，由于制作工艺和艺术水平的限制，器物无论在器形和纹路上都比较简单。器身上的纹路多为简单的几何图形，如线条、三角形、人形等，纹饰抽象、简单。东方纹时期的产生主要是因为古希腊陶器作为外销产品，为了适应东方人审美的特点和购买偏好而进行的生产制造。此时的陶器上出现了东方人喜爱的狮子、山羊等动物的形象，并且配上小亚细亚地区复杂的纹饰。有些器物上还直接出现了东方战士的形象。此后的三个时期是古希腊陶器工艺进一步发展的时期，主要的区别在于纹路和图案的绘制方法和色彩选择。在古希腊制陶业发展的后期，工艺已经相当精妙，制作的器物也足以体现出古希腊人高超的艺术造诣和工艺水平。

古希腊绘画有哪些成就

古希腊人对艺术的敏感同样表现在他们的绘画上。由于纸张还未普及，古希腊人的绘画一般出现在两个地方：陶器和墙壁。

严格地说，古希腊的瓶画并不是用笔勾勒的图案，而多是用刻刀构图、颜料上色后用来装饰陶器的绘制作品。它经历了从简单到精细的发展过程，主要的图案用来表现一些神话故事场景、英雄事迹等；也有为了外销而迎合东方人的彩绘，主要是动物图案和历史场景等。著名的安多克代斯的红陶作品就记录了赫拉克勒斯降服地狱三头犬的故事，另一只黑绘风格的陶器则描绘了特洛伊战争中，阿喀琉斯和朋友休息的场景。还有一幅著名的

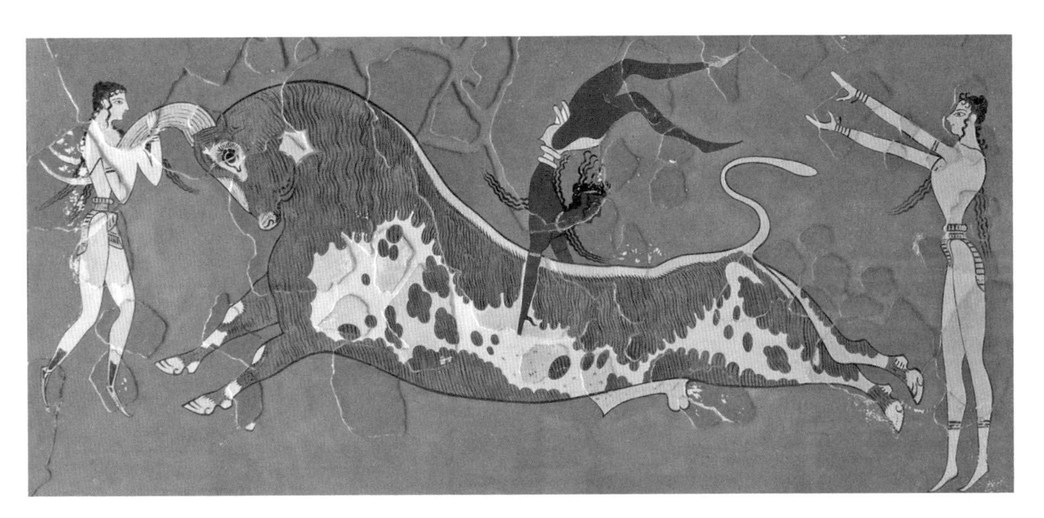

▲ 米诺斯宫殿壁画《驯牛图》

瓶画，记录的似乎是古希腊战士出征的场景。这幅作品被绘制于大口黑陶瓶上，被称为《战士的告别》，它展现了身披戎装的士兵奔赴战场的情形。作品中，士兵的父母分别站在他的身旁，依依不舍；他的妻子端起一碗酒，为丈夫饯行；士兵本人则目光坚毅，表现出了追求荣耀的勇气。

古希腊时期的壁画存世十分稀少，主要是一些留存在克里特岛上米诺斯宫殿的作品。这些壁画中，出现了很多动植物形象，还有许多女性的形象。这表现出当时人们似乎还有男尊女卑的观念，展现了希腊人热爱自然的特点。一幅著名的壁画就是《驯牛图》，图中有三个人物和一头硕大的牛，其中一人倒卧在牛的背上，表现出一种越过牛背的趋势。

古希腊的绘画作品虽然存世不多，但是从一些简单的壁画、瓶画中我们还是能窥见古希腊人对自然的热爱，对人和神的歌颂。

古希腊人常用什么样式的乐器

古希腊人有两样最原始的乐器，分别是里拉琴和阿夫洛斯管。两者影响了日后西方管弦类乐器的发展。

里拉琴是一种拨弦乐器，外形上有一点类似竖琴。传说这是由神之使者赫尔墨斯用琴弦和龟甲做成的。宙斯将它送给阿波罗，光明之神则将它转送给了自己的儿子——著名的琴师俄尔甫斯。俄尔甫斯正是当年跟随伊阿宋冒险的乐师，他的琴声不仅能使船队的所有英雄忘却忧伤，还能使山川、河流宁静祥和。早期的里拉琴琴身呈牛角状，对这个形制进行改进和对琴弦数量进行增减，形成了许多西方拨弦乐器，如现代竖琴、吉他等。

阿夫洛斯管是一种吹管乐器，它有两种制式，即单管和双管。演奏者将吹口插入阿夫洛斯管中吹奏，通过手指按住或者松开管面上的空洞使声音产生不同的振动，以此演奏。单管的阿夫洛斯管有些类似现代的竖笛，而双管的则呈V形，由双手控制。阿夫洛斯管的材质起先主要是苇秆，后来改进为经过掏空、打磨的骨头。

此外，在希腊神话和社会生活中，竖琴也是一种常见的乐器。阿波罗无疑是竖琴演奏的佼佼者。传说他的演奏击败了半羊人玛尔绪阿斯，奠定了自己在竖琴演奏方面至高无上的地位。古希腊人在一些神秘但庄严的时刻演奏竖琴，琴声悠扬婉转，却显得神秘莫测，好似一束月光化作清泉，潺潺落下。

▲ 里拉琴和阿夫洛斯管

古希腊的艺术成就给后世留下了哪些遗产

古希腊是人类艺术的宝库，许多现当代艺术的源头都来自古希腊人的创造。无论是雕塑、陶器，还是诗歌、戏剧，都是人类古代文明的极大成就。从中你不仅能够领略各种艺术品本身的唯美、工匠们超越时代的制作工艺，更能读到古希腊人特有的人文气息和精神气质，可以说古希腊的艺术成就在物质和精神两个方面给予人类文明以滋养。古希腊的艺术不仅是一些现成的器物、文字，而且是对于艺术的观念，正是这种观念影响了人们日后艺术创作的思维。

首先，从古希腊的艺术品中，我们不难看出对于神明的歌颂，对于人类自身的讴歌。在古希腊的戏剧、史诗中，神明和英

▲ 古希腊陶器上的绘画

▲ 雅典娜神庙东山墙上的雕塑

雄都是一个个有血有肉、充满感情的人的形象；在雕塑作品中，每一件都是表情丰富、形体唯美的作品。从这个意义上看，古希腊人是一个相当重视“认识人类自己”的文明。其次，在他们的艺术作品中，重视赞美人类的形体、智慧和情感，同时也不避讳暴露人性中的缺点和邪恶。而且古希腊人并不是完全生活在神明庇护下的蝼蚁，他们是“会思考的苇草”，也只有那些追求正义、美德和荣耀的人才会受到神明的眷顾。这对遥远的古代文明而言是十分难能可贵的。因为人类只有认识自己、赞美自己，才能创造出璀璨的文明和文化。

此外，古希腊的艺术品还在美学上奠定了人类艺术创作的基础。悲剧中人物命运的展现、雕塑中人体的美学比例，都成为现代艺术创作中遵循的法则。正是古希腊人对美的追求这种美学情怀，指引人类探索艺术，也促进了整个人类文明和文化艺术的发展。

谁是“西方科学和哲学之祖”

古希腊人对知识和智慧的渴望似乎与生俱来。早在公元前7世纪，古希腊就出现了一位善于思考和探索的智者，他就是古希腊七贤之一——被称为“西方科学和哲学之祖”的泰勒斯。

泰勒斯大约生于公元前624年的米利都，这座处于爱琴海东岸的沿海城市正是在这一时期开始慢慢强盛的。米利都浓厚的希腊文化氛围和便捷的交通，使得泰勒斯不仅获得了良好的教育，

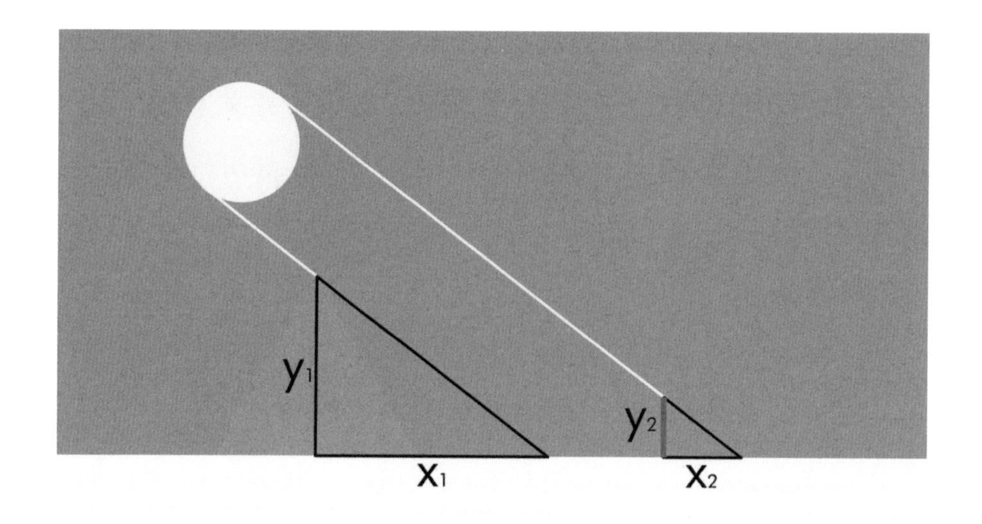

$$y_1/x_1 = y_2/x_2$$

▲ 用泰勒斯定理测量金字塔的高度

而且也得到了很多游学的机会。正是这些经历开阔了他的视野和思维，使他在很多学科方面都颇有造诣。

泰勒斯最初思考的是一些具体的问题。例如他在游历古埃及时，通过几何绘图分析和代数计算，能够从地面的阴影测算出金字塔的高度；通过对天文现象的不断观察，泰勒斯也曾准确地判断出一次日食的具体时间。泰勒斯对自然现象的好奇，促使他钻研解决了许多问题，因此也被人称为“自然科学之父”。除了乐于对具体问题做出解答和预测，泰勒斯也喜欢思考一些抽象的问题，这使他又跨进了另一个深奥的领域——哲学，并且提出了一些伟大的命题。在思考世界本源的问题时，泰勒斯认为万物之源是水。这个看似简单的问题却包含了人类对世界本源的思考，第一个抛出自己答案的泰勒斯实属不易。他认为万物离不开水，因此水是孕育一切的源头。这个朴素的命题在日后却成为历代哲学家反复思考的问题。此外，泰勒斯还创立了米利都学派，他们通过理性观察和分析探索世界，在学问传承的过程中，促进了古希腊文化和科技的发展。

什么是柏拉图的“理想国”

《理想国》是古希腊著名哲学家、政治家柏拉图提出的完美国家的蓝图。他用苏格拉底与人对话的方式探讨了如何建立一个完美的城邦国家，成为西方哲学、思想和政治学的经典名著。

在《理想国》中，柏拉图提出了最公正、幸福的国家乃是由哲学家统治的国家。因为他们具有领导人民的才干和公平正义的美德。在他的观念中，只有把高超的智识和强大的权力结合起来，才能真正为城邦带来福祉。并且，通过知识水平、财产多寡，将城邦内的公民分为三个层次，即统治阶级、武士阶级和平民阶级。只有被统治阶级领导，城邦内部强调整体利益，才能实现一个完美的“乌托邦”。

应该说这样的思想和柏拉图本人贵族阶级的出身有很大关系。他经历了雅典政治的变迁，也在城邦中担任过公职，因此形成了一整套对于完美政体的看法。他的设想十分宏大，甚至涉及对公民婚姻、爱情等方面的要求。同时这个理想国也极大地体现

▲ 柏拉图

出柏拉图个人的政治抱负。为此他还几次远赴西西里，希望实现自己的一些政治愿望，但无奈最后都落空了。

正是因为这样的政治设计缺少一些实现的可能性，所以理想国更像是一个存在于脑海中的“乌托邦”。但是其中包含的政治思想、教育体系的设计以及关于如何建立一个公正、完美的社会和国家的看法，却启迪了无数的政治家。此外，《理想国》中包含的一些寓言式的小故事，无论在文学上还是哲学上，都具有相当大的价值。其中著名的洞穴理论，成为柏拉图影射现实社会的缩影，也为人们生动地展现了柏拉图眼中的理性世界和真正的光明。

谁被称为“百科全书式的学者”

在古希腊灿若繁星的学者之中，有一个人的名字永远无法被忽略。他的研究几乎涉及了当时人类所能了解的所有学科，而且只要是他研究的领域，几乎都有影响世界的成果。因此，他和 17 世纪的莱布尼茨一同被后世称为“人类历史上仅有的两个全才”。他就是亚里士多德，被称为“百科全书式的学者”。

亚里士多德出生于公元前 384 年，出生地在远离古希腊文明核心地的北方——色雷斯。他的父亲是一位马其顿的宫廷御医，因此家庭条件优越。此时北方地区的马其顿已经开始崛起，而亚里士多德的青年时代是在雅典度过的。在柏拉图学院的学习经历，使他受益匪浅。他不仅学习到了苏格拉底和柏拉图哲学精神的精髓，而且形成了自己思考问题的方法和哲学思想体系。他虽然是柏拉图的学生，但对老师的观点并不盲从，提出了“吾爱吾师，吾更爱真理”的名言。

经历长达 20 多年的学习，亚里士多德形成了自己的哲学思想。这些思想反映在他浩繁的著述——逻辑学的《工具论》和哲学的《形而上学》中。其中很著名的哲学三段论就是亚里士多德哲学思想生动的缩影。同时，他还在物理学、数学、天文学、气象学、美学、文学等诸多方面都有自己的论著，其中很多观点都影响了这些学科日后的发展。

▲ 柏拉图和亚里士多德

此外，亚里士多德还创办了自己的学园，被称为逍遥学派，并且担任过亚历山大大帝的老师，深受这位伟大君主的敬重和爱戴。

黄金分割从何而来

对现代人来说，黄金比可能不是一个陌生的数值，很多人都知道它指的是 0.618 的比值，但是这个比值的发现却并不容易。

相传最早定义黄金分割点的正是古希腊数学家毕达哥拉斯。简单地说，就是将一条线段分割成两个部分，其中较长的一段和整条线段的比值是 0.618，那么这个分割点就被称为黄金分割点。这样划分的线段也最为和谐，充满美感。

自从黄金分割理论提出之后，后人的研究就没有中断过。古希腊另一位数学家欧多克索斯进一步提出，黄金分割实际是把一条线段分割成长、短两部分，分别为 A、B。其中 A 与整条线段的比值，等于 B 与 A 的比值，而这个数值并不是一个确定的数，而是一个无穷小数，它的值近似于 0.618。

此后，欧几里得在自己的《几何原本》中也用绘图的方法，直观地解释过黄金比例的关系，黄金分割也成为一个著名的数学

▼ 黄金分割线

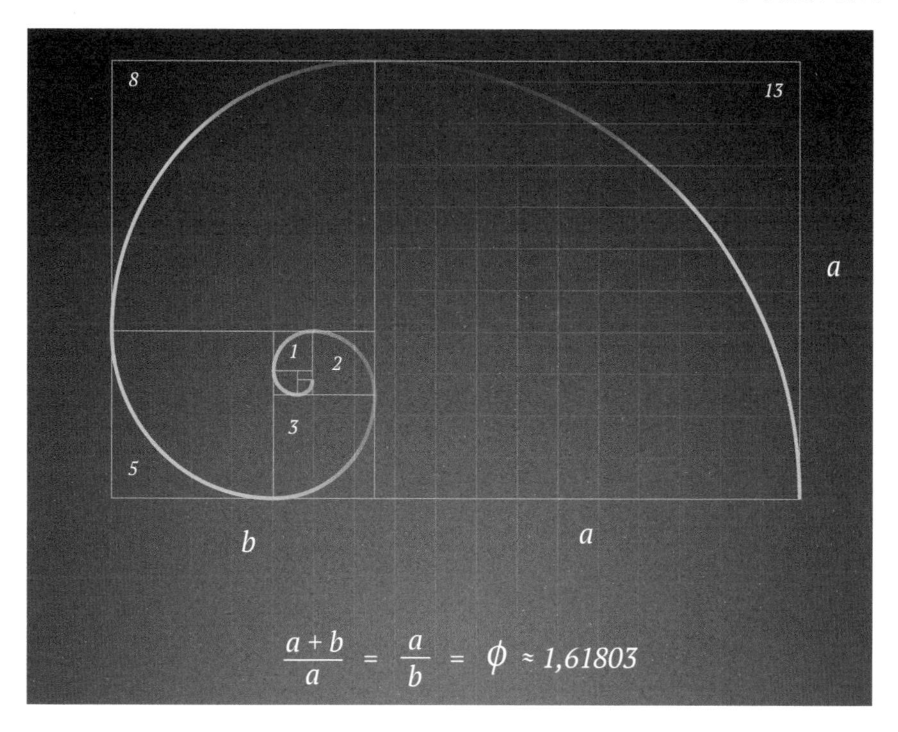

命题，广为流传。

但黄金分割理论并不只是一个抽象的数学命题，这个充满魔力的比值被运用在很多领域。在许多古希腊人的雕塑作品中，我们看到人物的脸部结构、形体比例等都与黄金比例有着千丝万缕的联系。在这里，黄金分割发挥了它在美学方面的价值，这样塑造出来的人物比例协调，更加具有美感。随着对黄金分割理论研究的深入，它逐渐变成了绘画、雕塑等艺术创作必须遵守的规律之一。除此之外，黄金比还被广泛地应用在投资资金分配、军事战术等领域。

谁是希腊“医学之父”

公元前 460 年，在小亚细亚的科斯岛诞生了一位古希腊著名的医师——希波克拉底。由于他高超的医术和对医学的贡献，人们称希波克拉底为古希腊“医学之父”、西方医学的奠基人。

希波克拉底出生在一个医学世家，但是由于当时医学的落后，很多假借行医的巫术大行其道，这让希波克拉底十分苦恼，因此他潜心研究药方和医学治疗的方法。

公元前 430 年雅典的一场瘟疫，让这位医生有了大显身手的机会。在人们接二连三地染上瘟疫死去、疫情无法得到有效控制的时候，希波克拉底发现全城只有每天工作在火炉周围的铁匠们没有染病的记录。于是他大胆猜测，火焰具有控制疫情的作用。

The Oath of Hippocrates

I SWEAR by Apollo the physician, and Aesculapius, and Health, and All-heal, and all the gods and goddesses, that, according to my ability and judgment, I will keep this Oath and this stipulation — to reckon him who taught me this Art equally dear to me as my parents, to share my substance with him, and relieve his necessities if required; to look upon his offspring in the same footing as my own brothers, and to teach them this art, if they shall wish to learn it, without fee or stipulation; and that by precept, lecture, and every other mode of instruction, I will impart a knowledge of the Art to my own sons, and those of my teachers, and to disciples bound by a stipulation and oath according to the law of medicine, but to none others. ℂ I will follow that system of regimen which, according to my ability and judgment, I consider for the benefit of my patients, and abstain from whatever is deleterious and mischievous. I will give no deadly medicine to any one if asked, nor suggest any such counsel; and in like manner I will not give to a woman a pessary to produce abortion. With purity and with holiness I will pass my life and practise my Art. ℂ I will not cut persons labouring under the stone, but will leave this to be done by men who are practitioners of this work. Into whatever houses I enter, I will go into them for the benefit of the sick, and will abstain from every voluntary act of mischief and corruption; and, further, from the seduction of females or males, of freemen and slaves. ℂ Whatever, in connexion with my professional practice, or not in connexion with it, I see or hear, in the life of men, which ought not to be spoken of abroad, I will not divulge, as reckoning that all such should be kept secret. While I continue to keep this Oath unviolated, may it be granted to me to enjoy life and the practise of the art, respected by all men, in all times! But should I trespass and violate this Oath, may the reverse be my lot!

From The Genuine Works of Hippocrates translated from the Greek by Francis Adams, Surgeon, volume 2, London, 1849

The above oath attributed to Hippocrates (460-370 B.C.) is an early code of ethics establishing those high principles of conduct which have characterized the art of medicine. We can apply the teachings of this Greek physician to modern practice with but slight modifications. ℂ It is suggested that the student consult the monograph entitled The Doctor's Oath, by W. H. S. Jones, Cambridge University Press, 1924.

▲《希波克拉底誓言》

▲“西方医学之父”希波克拉底

在他的倡导下，雅典城处处通过高温焚烧的方法来控制传染。果然没出几日，疫情得到了很好的控制。此外，希波克拉底还曾对骨折、癫痫等疾病提出过治疗方案。

为了遏制巫术和庸医，希波克拉底还提出了解释疾病成因的“体液说”。他认为人体内部有血液、黏液、黄胆和黑胆四种体液。这四种体液的比例关系和相互作用决定了一个人的性格气质，同时也决定了人是否感染某种疾病。虽然这种“体液说”本身也有一些迷信和伪科学成分，但是它至少改变了疾病来自神意的说法，让人类真正有目标地从自己的身体特征入手，探求疾病的成因和治疗方法。

什么是古希腊的“日心说”

古希腊人热爱仰望星空，他们认为头顶的星空就是神明的杰作，因此对星座形象、星辰运行的规律格外敏感。通过长期的观测，古希腊人积累了丰富的天文经验和知识。

在浩瀚的银河中，哪颗星是居于中心的问题，一直是人类希望弄清楚的。这也就成了日后非常著名的“地心说”和“日心说”之争的原因。现在我们受益于哥白尼，知道在太阳系中，太阳居于核心，其他行星绕着它做周期的旋转。但其实在公元前3世纪，就有一位古希腊天文学家提出了这个伟大的假说，他就是被称为“古希腊哥白尼”的阿里斯塔克斯。

出生于萨摩斯岛的阿里斯塔克斯对星辰运行的自然现象很感兴趣。通过观测，他希望了解太阳、月球和地球之间的相互关系。因此，他大胆地建立了一个以太阳为中心的模型，这和当时普通人理解的“地心说”相抵触，因此并不被很多人接受和重视。

此外，阿里斯塔克斯还进一步通过观测、记录，分析计算日、地、月三者的相对位置和距离。虽然他最后得出的日地距离是月地距离20倍的结论和实际相差甚远，但他的很多观点和方法在当时都是很有启发性的。波兰天文学家哥白尼提出“日心说”时，就参考过阿里斯塔克斯的一些猜想和理论。应该说，鉴于当时如此简陋的观测条件和技术水平，阿里斯塔克斯作为第一个提出“日心说”的天文学家，值得被历史永远铭记。

谁被称为“几何学之父”

在希腊化时代，有一位叫欧几里得的数学家。他凭借着自己对几何学的研究蜚声世界，因此被称为“几何学之父”。

关于这位数学家的生平，我们其实知之甚少，甚至连他具体的生卒年代和标准形象都无法确定，只知道他出生在托勒密埃及的亚历山大里亚，常常在当地的图书馆学习、研究。但是如果要提起他的著作，却让人耳熟能详。

欧几里得一生的著述算得上丰厚，其中还有关于光学和天文现象的研究，而最著名的当属《几何原本》。这部流传广泛的书共有 13 卷，主要研究了几何学的问题，包括平面几何：圆的切线和割线、角的问题、正多边形的画法等；立体几何：棱柱、锥体积计算、立体图形的画法等。除了几何图形的研究，欧几里得还论述了关于代数的问题，一些我们现在还在使用的概念，例如整除、最大公约数等都在书的后几卷中有所记载。

这部系统性很强的作品在许多方面奠定了现代数学的基础。首先，《几何原本》确立了数学学科的一些基本定义和公理。正是有了这些基本的概念，才使一些数学证明、运算成为可能。其次，《几何原本》系统地阐述了几何与代数的关系，构成了数学

▲ 徐光启、利玛窦合译中文版《几何原本》

学科的两大支柱。最后，欧几里得提出的一些具体方法和思想在数学应用中有很大的价值，比如著名的辗转相除法、无限小数思想等。

第一个创立“地理学”的人是谁

古希腊由于地处爱琴海沿岸，交通条件便利，因此海外贸易和殖民开展得都很早。在不断的航海、移民实践中，古希腊人逐渐形成了一些与地理有关的概念，例如相对位置、地形、水文条件等。古希腊的地理学也就应运而生。

第一个提出“地理学”概念的是古希腊著名的天文学家埃拉托色尼。埃拉托色尼生于公元前 275 年，出生地是古希腊在北非的殖民城邦希勒尼。他在雅典接受了教育，成年后长期在亚历山大图书馆任职。

利用图书馆丰富的资源，埃拉托色尼着重研究了一些地理概念。在《地球大小的修正》一书中，他用了天文观测结合几何计算的方法，比较准确地修正了地球的周长。在书中，他还研究日地距离、赤道长度等问题。

在另一部著作《地理学》中，埃拉托色尼提出了大洲的分类，并把当时的已知世界分成了亚洲、欧洲和利比亚，划分了五个温度带等。这些都将地理学的很多概念系统化地整理到了一起，使一些常识真正知识化，并基本奠定了现代地理学的基础。

此外，利用已知的一些地图和文献记录，埃拉托色尼也绘制了自己的地图，在图中使用了经纬网进行精确定位。

埃拉托色尼不仅赋予了地理学以生命，还将描述性的人文、自然地理和数学计算的数理地理结合，真正使地理学科学化，成为一个独立学科。

阿基米德如何撬动地球

相信很多人对一句名言并不陌生——“给我一个支点，我就能撬起地球。”这句话很好地诠释了我们生活中一个力学现象的运用，即杠杆原理。杠杆原理是希腊化时期著名科学家阿基米德的杰出发现。

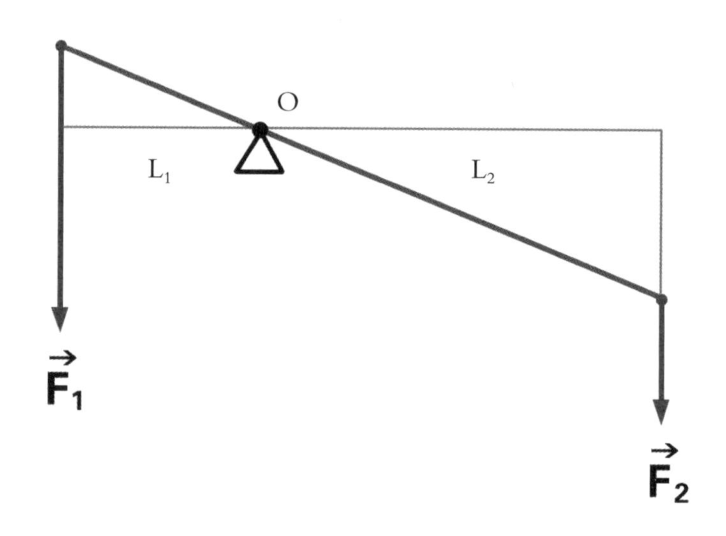

▲ 杠杆原理示意图

阿基米德生于公元前287年的殖民城邦叙拉古，他从小跟随欧几里得的学生学习，表现出了对数学和自然科学方面的天赋。热爱观察生活的阿基米德，常常从一些人们习以为常的经验中，抽象出可以被应用的理论，杠杆原理就是其中之一。

人们其实很早就开始使用杠杆了，但是并没有人对它进行研究。人们知道在一根杆的两端放上同样的重物，并在杆中间设置一个支点，这根杆子就会像天平一样保持平衡。但如果一边的物体重量加大时，这个平衡就会被打破，而恢复平衡的方法——除了在另一端加上相同的重量，还可以把这个代替重心的支点向重物一侧移动。由此，阿基米德得出了杠杆原理的表达式。

阿基米德认为杠杆需要有支点、施力点和受力点，并且提出了表达式为：动力 × 动力臂 = 阻力 × 阻力臂，即 F1×L1=

$F_2 \times L_2$。由此我们知道，当一个人想要用有限力量撬起一个重物的时候，因为阻力和阻力臂的乘积是一定的，所以只要动力臂足够长，就能够用较小的力完成任务。因此，阿基米德想要撬起地球，也并非不可能实现，只是他需要找到一根长达几光年的杠杆。

第三章

悲情的罗马文明

根据古罗马历史学家的记载进行推算，罗马文明的起源时间是公元前 753 年。在这一年，意大利中部台伯河口附近的七座小山丘之上，罗马文明初现曙光。此时也许未必有人想到，在之后的历史进程中，这一点微弱的曙光会以星火燎原之势照亮整个地中海。

罗马起源的这个时代，属于历史，也属于传说，属于辛勤的开拓者，也属于神祇和英雄。他们的故事有悲伤也有欢笑，有纯善也有无情，有忠诚也有背叛。接下来，就让我们探索一下罗马文明的起源吧。

罗马文明是如何接受希腊文化的

一提西方古典文明，希腊、罗马必定相伴相随。这两大文明的文化确实太过相像，无论是雕塑、建筑，还是宗教，一般人难以分辨。其实在罗马的崛起历程之中，希腊文明时时是罗马的“对头”。罗马人崇尚实用、协作和纪律，希腊人崇尚美、英雄主义和浪漫。人们不禁要问，罗马文明究竟是如何接受希腊文化的？

这要从罗马击败希腊说起。此时罗马的主要目的是控制希腊文化核心区的马其顿王国，罗马在布匿战争期间就已经与之交过手。由于罗马自顾不暇，这次马其顿获胜。在消灭迦太基后，罗马接连发动了三次马其顿战争。论实力，罗马没有必胜的把握，但此时的希腊各国互相掣肘，内战不止，没有把罗马视作巨大的威胁，并且希腊人依旧坚持着过时的战术。在罗马的远交近攻之下，希腊各国被轻易地各个击破，以至于这场持续60多年的战争都没有什么值得一提的战例。

东地中海并入了罗马的版图，马其顿也变成了罗马的行省名称。同时归属罗马的，是大量的希腊奴隶。但这些奴隶可不是苦力，他们很多是学者、诗人和艺术家。罗马此时政治制度也在不断发展，需要许多官吏，罗马贵族希望自己的子弟能够接任这些职位，于是就把这些希腊奴隶买回家中充当教师，教育子弟们学

▲ 格拉古兄弟

习语法、历史、宗教和自然科学。罗马拉丁语的“教师”一词即源自希腊语。

就这样，马其顿战争后的历代罗马贵族接受的都是希腊教育，他们既继承了罗马的纪律，又根植了希腊的浪漫和理想，格拉古兄弟便是其中的代表。数十年后，这几代人登上权力高峰之时，罗马文明的历史必将迎来一幅最波澜壮阔的画卷。所以有人曾说：“罗马用军队征服了希腊，但希腊用文化征服了罗马。”

盐与罗马的兴起有着怎样的关系

在汉语中我们常用“柴米油盐”这个短语来表示日常的生活花销，汉语中的“工资”“收入”也常常被称作“薪水”。“薪水”的“薪”字就是柴火的意思，包含工资收入要用来购买柴火以维持生计的意思。

无独有偶，在西方语言中，也有类似的现象。英语中表示“薪水”的单词“salary”就来源于古罗马拉丁语单词“salarium”，其中的词根“sal-”就是拉丁语“盐”的意思。原因就是古罗马士兵军饷的一部分，是用食盐来支付的。盐在战时为士兵们补充了体力，当他们回到家乡或者在当地定居后，盐更是一种交易中的硬通货，充当着货币的作用。

罗马人十分重视盐的运输。罗马人早在公元前3世纪就修建了专门的“盐之路”（拉丁语 Via Salaria），这条路从亚得里亚海滨的阿斯科利港出发，横跨整个亚平宁半岛，长达 240 多千米。这条路将海盐源源不断运往罗马城，再由此运往意大利，乃至北方的高卢和日耳曼。

小贴士

“盐之路”随着罗马文明的兴衰，也经历了自身的繁华和没落，在罗马文明灭亡后也一度萧条。但是到了中世纪后期，西方文明再度出现兴起之兆时，这条古老的道路再次被人们想起，又发挥了其原有的作用，甚至一直延伸到波罗的海沿岸，重新将食盐和繁盛带给所到之地。

“意大利”这一名称由何而来

我们都知道，意大利是现代欧洲的一个国家，以足球、时装和深厚的历史底蕴闻名。书中我们多次提到的“意大利”这个词，更多的是代表一个区域，大致和地理上所说的亚平宁半岛范围相同，是罗马文明的核心区。你有没有想过，“意大利”这个词究竟因何而来呢？

“意大利”这个词在历史上第一次出现，是在公元前 91 年爆

▲ 马略像

▲ 印有苏拉头像的罗马硬币

发的同盟者战争中。这些“同盟者”是罗马人对被征服的意大利其他部族的称呼，他们享有一定的自治权，在政治与军事立场上与罗马保持一致。在罗马对外作战时，他们为之提供人员和物资的补给，对罗马的扩张有着很大贡献。

但是罗马人一直拒绝给予这些同盟者公民权，这些部族的成员不能享受罗马扩张所取得的土地和财富，反而要受到罗马的压榨，不满的情绪不断增加。他们暗中结成反罗马的同盟。

公元前 91 年，主张给予同盟者公民权的罗马保民官被暗杀，起义终于爆发，几乎波及了整个意大利。同盟者以科菲尼乌姆为首都，宣布建立属于自己的共和国，效法罗马的体制设立元老院和执政官，发行自己的货币。他们把自己的国家称为“维达利亚”(Vitalia)，意思是“小牛的乐园”，后随着语言的变化就成了

“意大利”（Italy）。

罗马元老院十分震惊，比起入侵的外敌，他们对同盟者的背叛更为愤怒。元老院命马略和苏拉为将，消灭这个“意大利共和国”。战争进行得非常惨烈，罗马军团屡屡受挫。最终，罗马采取分化措施，在战争中率先妥协，宣布对投降的同盟者给予公民权，战争的形势很快逆转。公元前 88 年，最后的两支同盟者起义军被镇压，同盟者战争结束。

“同盟者”虽然战败，未能实现自己的独立，但他们的斗争还是收到了成效。战后罗马信守诺言，对绝大多数的意大利部族都授予了公民权。意大利彻底地罗马化了，完全变成了罗马文明的一部分。这场战争比起罗马的其他战争，从军事上说不足称道，但标志着罗马文明开始包纳其他民族和文化，一种大帝国的气魄已然呈现。

什么是哈德良长城

作为中国人，我们都十分熟悉横亘于我国北方的万里长城。在中国的万里长城建成的同一时代，西方的罗马帝国也在自己鼎盛时期建立起了一座哈德良长城。它残存的城墙和相关建筑，至今仍保存在英国中部地区。

哈德良长城的兴建者就是“五贤帝”中的第三位哈德良。在他统治时期，罗马帝国正处于极盛期，版图达到最大。此时面临的问题，是保护帝国的领土和人民不受外来的侵犯。兴建哈德良长城的主要目的就是抵御更北部的苏格兰部族的入侵。

哈德良长城全长约 117 千米，主要以英格兰当地所产的石灰岩建成，历经数千年的洗礼，结构依然大致保存完整。长城建筑除了主体的城墙和壕沟，还有里堡和要塞。里堡，顾名思义，在长城沿线每一罗马里（约 1481 米）建有一座，与中国万里长城上的烽火台作用类似，在出现紧急军情时，通过烟火传递信号。要塞共有 16 座，分布于长城沿线，其中驻扎着保卫长城的主要兵力。要塞不仅是军事驻地和指挥中心，更有重要的经济文化作用。考古发现其中许多有手工作坊、庙宇和住宅的遗迹，许多为

▼ 哈德良长城遗址

军队服务的平民也居住于此。

哈德良长城自建成之后，一直没有大的战事，长久地保护了罗马不列颠行省的安全，使这个罗马帝国的边缘地带在帝国晚期衰落时代也未受到大的破坏。直到公元 383 年，罗马军团为了防卫高卢，撤离不列颠时才放弃它。后历经战乱的破坏和岁月的侵蚀，哈德良长城现今已残缺不全，但依然保持着当年的雄风，依稀可见当年罗马帝国极盛时期的荣耀和气魄。如今哈德良长城已成为旅游景点，吸引着来自世界各地的游客。

罗马文明为什么由盛转衰

谈及罗马文明的衰落，要从它为什么兴盛说起。看过前半段罗马史，我们知道了罗马是一个崇尚武力的民族，无论是对付外敌，还是解决内部的争端，基本都是依靠武力。因此军事力量是影响罗马文明的核心。凡在罗马历史上有所作为的君主，基本都是能很好地管理军队的君主。

罗马文明的发展依靠的是武力扩张，维系它同样也需要不断的胜利和扩张。罗马社会的基础是奴隶制。在废除了对本国公民的债务奴役后，罗马的奴隶大部分都来自于战俘，战俘需要不断的军事胜利来获得。而维系罗马帝国经济的，是贵金属货币，这些贵金属主要源自罗马文明早期战胜的诸多其他文明。通过军事上的胜利，以赔款和掠夺的形式，将黄金白银源源不断地集中于

▲ 罗马斗兽场

罗马，再铸成钱币流通到帝国各地，实现经济的繁荣。

而此时的罗马，已经征服了力所能及范围内的弱小民族，因而再也没有大量的奴隶来源可以继续维持罗马社会的运转，只能加重对现有奴隶的剥削，而这导致了奴隶的逃亡和反抗。而且帝国时代的罗马，周围已经没有多少其他富足的文明。罗马在对帕提亚和波斯的战争中无功而返，也失去了通过赔款和掠夺来获得贵金属的途径。

同时，罗马人自己的价值观也开始发生变化。罗马的权贵们已经习惯了安逸享乐的生活，不愿再冒着生命危险从军出征。为国家建立军功曾经是贵族们无上的荣耀，而现在他们推崇的是一掷千金的奢靡浮华。罗马人将支撑自己文明根基的重任交给了外邦人，他们所说的“蛮族”不断加入军队，而这加速了罗马的衰落。

罗马衰落的原因还有很多，历史学家也无法道尽。这一切都在揭示，虽然罗马文明依旧有表面的辉煌，但没落的趋势已经不可避免。

铅与罗马的衰落有什么关系

铅是人类最早使用的金属之一，考古学家发现早在公元前3000年的埃及就有使用铅的遗迹。铅添加在青铜中可增加强度，是许多古代文明必需的资源。而对铅使用最为广泛的当属罗马文明。

铅具有不易生锈、质软、熔点低、易于加工的特点。除了在大型青铜器具中使用铅，铅在罗马还有很多用途。罗马城市里的饮用水，是通过铅制的水管进入公共水池和富人的宅邸的。罗马人还将铅制成酒器，铅制酒器不像铜器容易生锈。而且铅会和葡萄酒里的酸性物质反应，形成具有甜味的乙酸铅，去除了葡萄酒的酸涩味，使其甜美可口，因此铅制酒具大受欢迎，贵族们甚至直接把铅粉加入葡萄酒中饮用。而罗马的贵妇人也把铅加入化妆品中，使皮肤更加白皙。

铅在罗马如此广泛的应用，使罗马也发展出了一套开采、冶炼、加工铅的产业，在罗马文明鼎盛的时期尤为兴盛。罗马偏

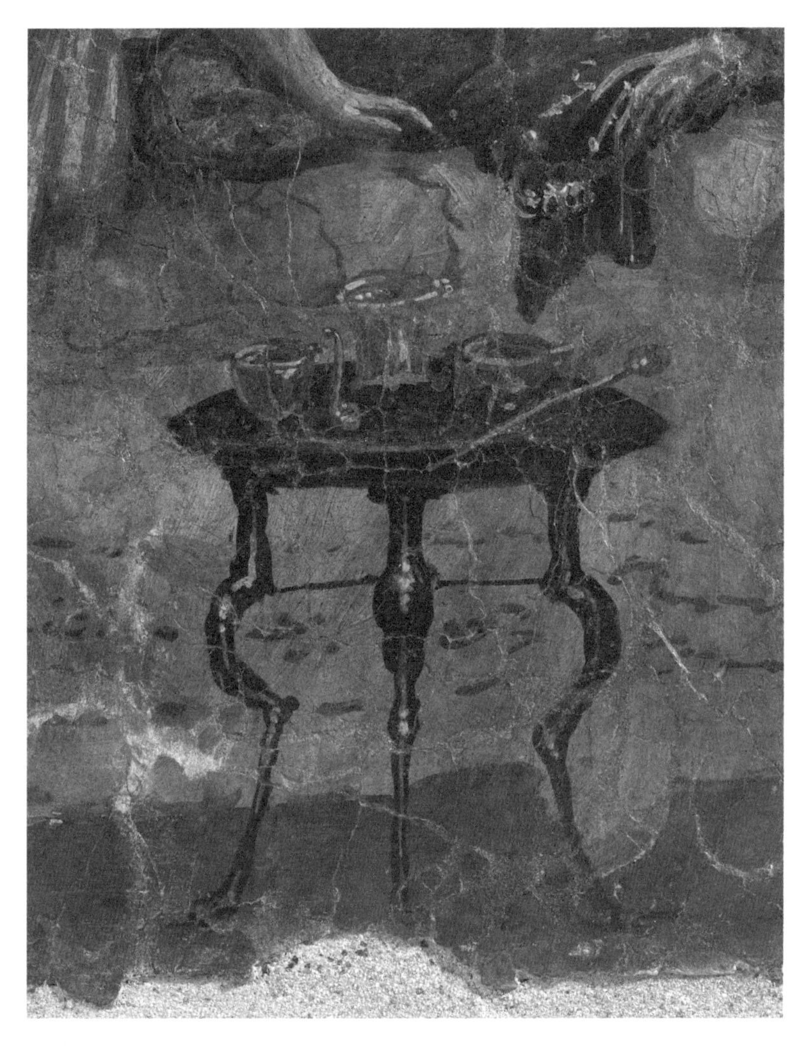

▲ 古罗马壁画中描绘的盛满葡萄酒的铅酒杯

远的不列颠行省，很大程度上就是因为当地丰富的铅矿资源而繁荣。

但铅是一种有毒的重金属，会缓慢地积累在人的体内，损害健康。嗜饮葡萄酒的罗马贵族因此受害。考古学家曾经发掘罗马文明后期的墓葬，发现罗马贵族尸骨里的铅含量高达正常值的几十倍。很多人出现乏力、不孕不育、痴呆等问题，平均寿命下降，而且影响自己的后代。曾经骁勇善战、智慧超群的罗马精英，现在变成了生理、心理素质低下的“低能儿”。罗马后期皇位继承混乱的原因之一，就是皇帝无法生育健康的继承人。

铅与罗马文明衰落的关系，如今还不能给出最终定论。但我们要从中明白一个道理——“成由勤俭败由奢”。罗马滥用铅制品只是表象，背后的放纵和贪婪才是衰亡的根本原因。

罗马文明之后为什么叫作“黑暗时代”

历时 12 个世纪的罗马文明，在内部的起义和动荡，以及外敌的打击下，终于灭亡了。西欧的上古史阶段也就此结束，古典文明也随着罗马的灭亡而衰微。西方文明进入了被称为中世纪的时代。在中世纪最初的几百年，几乎没有流传下来的文献资料，这段历史变得晦暗不明，因此被历史学家称为“黑暗时代”。

这个时代，欧洲人没有了城市。“蛮族”依旧过着农耕放牧的生活，辉煌的城市对他们毫无意义。他们拆除城市里的建筑和雕塑，用这些石材建造粗陋的住宅和围墙。随着城市一起衰败的是贸易和商品经济。“蛮族”过着自给自足的生活，少数“蛮族”贵族掠夺来的财宝，用来向东方购买奢侈品，很快就消耗殆尽。

▲ 德国康斯坦茨中世纪建筑物上反映市民生活的壁画

西欧又恢复了闭塞的自然经济，很多人死后葬在离自己出生地几百米远的地方，终其一生没有离开过生活的村落。

同时衰落的还有文化，在这个时代，绝大部分贵族和平民都是文盲，他们不识字，对文化也不感兴趣，自然也不会利用智慧和技术来统治和管理。他们无休止地征战，通过外敌的恐惧和同族人的尊重来维持着国家。少数识字的教士，隐居在山区和海岛之上，誊抄着古代的经卷。

历史的概念也随之衰落。不列颠岛上的“蛮族”国王，看着几百年前罗马建筑的遗迹，居然认为这是神秘巨人种族的作品。

帝国灭亡后，罗马人去了哪儿

如果问你，罗马人在哪儿？在公元前 6 世纪，你会说："在那座新建的城市里。"在公元前 4 世纪，你会说："在台伯河流域的那块平原上。"在公元前 1 世纪，你会说："在意大利、希腊、西班牙和北非的一些地方。"在公元 3 世纪，你会说："罗马人，就是帝国里所有的自由民。"如今，你也许会问："帝国灭亡后，罗马人在哪儿？"

帝国灭亡后，罗马人去了哪儿？这个问题，其实很难回答。从传说和史书中找出的一些片段，也许能让你们满意。

在阿提拉第二次入侵西罗马的时候，北意大利的阿奎利亚城被完全摧毁。传说城市里的难民逃往亚得里亚海滨的岛屿和滩涂，以捕鱼和商贸为业。这些难民怀念罗马曾经的共和时代，成立了威尼斯共和国，后来在中世纪和文艺复兴的历史中大放异彩。

在罗马共和国鼎盛时期，曾经组建过一个第九西班牙军团。这个军团曾经在各地立下赫赫战功，后来派驻不列颠，于公元 117 年神秘地失踪了。传说是这些战士厌恶了征战，集体前往不列颠北部帝国的疆域之外，过着世外桃源的生活。还有传说，罗马最后一个小皇帝罗慕路斯被废黜后，逃往不列颠，在第九军团的协助下，在不为人知的地方继续罗马的统治。

第三个片段来自中世纪的史书《法兰克人史》。其中提到法

▲ 阿提拉雕像

兰克第一位国王克洛维，在高卢西部击败“罗马人的王”。一些历史学家认为，这个记载说明，在罗马帝国灭亡后，在高卢境内还有罗马残存的势力。罗马文化里本来忌讳“王”的称号，但此时残余的罗马人为了生存，经历了“蛮族化”，接受了国王的统治。

这些传说和记载，更多反映了后人对罗马文明的怀念。即便是真的，也只是极小的一部分。大部分罗马人去了哪儿呢？他们与“蛮族”完全融合，再也找不到踪迹。但他们的血脉和文化一直留存在西方人之中。

罗马人的家庭是怎样的

家庭是社会的细胞。整个罗马社会制度的宏观变迁，也会在罗马家庭的微观细节中体现出来。

在罗马家庭里，父亲是当之无愧的一家之主，家中的“皇帝”。父亲掌管着一家的财政和祭祀，其他家庭成员都需要无条件服从他的管理。他可以任意处罚其他家庭成员；他也代表家庭出席各种公共活动，参与罗马的各项政治活动，通过支持或反对各项决议，维护家庭的利益；并且他们随时准备参军作战，保卫国家和家庭不受侵犯。

相比较而言，罗马家庭里的妻子就处在完全的附属地位，是家中的“奴隶”。她们被视为丈夫的财产，丈夫可以任意责骂甚至处死她们。她们自出嫁之日起，就断绝了和自己原有家庭的一切关系。冠以夫家的姓氏，祭奠夫家的祖先，她们在丈夫的命令下辛劳地操持各种家务，甚至不能随意管教自己的子女。而到了共和制后期，随着罗马财富的增加，女性的地位也大为改善，她们不再依附丈夫，拥有了属于自己的财产。她们可以作为母亲教育子女，在家务上有了自主权，甚至也享有了离婚和再婚的权利。

和许多古代文明一样，罗马人也重男轻女。罗马民族崇尚武力，需要大量的战士，男孩在家庭中就显得更为重要。男孩出生后会首先交到父亲身边，他的抚养、教育都由父亲负责。如果出生的是女孩，父亲有权将其遗弃或杀死。一个罗马家庭如果没有男孩，会被视为耻辱。

罗马人的葬礼是怎样的

罗马人的一生都是在辛劳中度过的，他们务农或者征战，为罗马奉献了一切。他们希望在死后自己能够得到应有的荣耀，所以罗马人十分重视葬礼。葬礼不仅关系到死者的声誉，也关系到家族的体面。

罗马人的传统是采取土葬，但到了共和制晚期开始时兴火葬，之后一直延续下来。火葬会在郊外举行，火化后骨灰也会葬在郊外的墓地。因此葬礼主要就是在运送遗体出城的过程中进行。作为曾经担任过高官的罗马贵族，他的葬礼会由继承人主持。人们会先前往市中心的广场，在这里公开演讲，追忆死者生前的辉煌成就，感叹他的死是罗马的损失。死者的家属还会穿着代表死者生前荣誉的服饰，让人感到死者还未离去。这时他们也会追忆家族的历史，称赞死者为家族增添了荣誉。随后会有浩浩荡荡的送葬队伍护送灵柩出城，他们会经过城内的主要街道。经过的路线越长、送葬的人越多，说明死者的地位越高。

而对于没有什么名声和地位的穷人们来说，想要有一个很多

▲ 古罗马时期的葬礼石骨坛

人参加的葬礼就困难了。但他们也想出了办法。穷人们组成了葬礼俱乐部，只要缴纳一笔会费就可入会。这样一来，俱乐部的会员们就会为他送葬，使葬礼显得隆重。

罗马的皇帝们有自己专门的陵寝，那就是罗马城内的圣天使城堡。自哈德良皇帝开始，历代皇帝都长眠于此。相比中国的帝王而言，他们的葬礼和陵寝都显得十分简单。

罗马人的教育是怎样的

在罗马文明早期，教育一般是在家庭内进行的。男孩由父亲教育，学习文字和各种生产技能，同时父亲也要教育孩子学习各种军事体育的技能，向他们灌输忠诚、勇敢、节俭的品质。而女孩则由母亲传授家务技能。等到成年后男孩就能成为合格的公民，女孩成为合格的妻子。

在罗马征服希腊之后，大量希腊的学者进入了罗马，他们建立私人学校，以希腊语传授知识。所以罗马的第一批学校是“外国语学校”。到公元 1 世纪初，以拉丁文授课的学校出现，罗马开始有了属于自己的学校教育。

这些拉丁语学校分为初、中、高三个等级。初等学校的学生以 7 到 12 岁的孩子为主。他们在这里学习阅读、书写和算术。与希腊人不同，罗马人并不重视艺术和体育，但是他们十分重视培养孩子的纪律观念，罗马的法律是这里的必修课。

12~16 岁的少年会进入中等学校，这里又称为文法学校。他们会在这里学习复杂的拉丁语语法，熟悉罗马著名文学家的经典，也会学习历史和地理的知识。中等学校的纪律很严，目的是培养合格的公民，以成为农民和军人。

最晚出现的是高等学校。随着罗马政治的不断发展，对具有演说能力的人才的需求开始增加。一些罗马青年从中等学校毕业

▲ 古罗马时期，展现老师教授学生修辞学场景的浮雕

后，会进入这些学校学习修辞和演说，同时这里还开设了更多的各科课程。

小贴士

罗马人如果还想进修，就只能前往希腊，在那里的学园和图书馆钻研高深的学问。直到公元 2 世纪，罗马才有了自己的学园。罗马人也很重视总结教育的理论经验，出现了西塞罗、昆体良等著名的教育家。

罗马人特殊的“父子”观念是怎么一回事

罗马人十分重视家族的观念。他们希望自己家族的荣誉和精神能找到合适的继承者，荣耀千古。但罗马家庭经常会出现没有男性后裔的情况。家庭里负责教育的父亲经常要在外工作或服役，对孩子缺少管教，有时难以有品行合格的继承人。比如伟大的哲人皇帝马可・奥勒留，他的儿子就是缺少仁爱和理智的暴君康茂德。

相对于血缘上的亲近关系，罗马人更看重继承人在精神上是否符合自己家族的价值观，他们并不特别在乎继承人是否属于自己的血脉。于是罗马人，尤其是显赫的贵族们，经常在家族的血缘之外寻找继承人。他们选择忠诚可靠、品行优良的人做养子。被选为养子的人，一般也会将之视为荣耀。这种“父子”观念，在罗马的政治阶层里非常常见。一些罗马政治家，也利用这种关系，实现和显赫家族的结盟。

罗马历史上最有名的这种“父子”就属凯撒和屋大维了，这二人都可被称为罗马最伟大的帝王。罗马最为鼎盛时代的“五贤帝”之间都没有血缘关系，但每一位皇帝都会选择贤能之人立为养子，这开创了罗马文明的新气象。

罗马人怎么度过日常的一天

一般早晨六点的时候，罗马人就起床了。他们把这个时间当作一天的开始，称作“第一个小时”。此时罗马的农民在用过早饭后，下地干活儿，直到晚上才会回家。居住在城市里的市民和贵族们也开始了一天的生活。

贵族们会在早饭后坐在阳台或柱廊内阅读，他们最喜爱诗作。各级官员也会在上午办公，元老院的议事厅里人声鼎沸。在议事厅外的广场上，挤满了熙熙攘攘的市民和商贩。到了中午，罗马人会选择去浴室。前往浴室对于罗马人而言不是偶尔为之的休闲，而是每日生活的一部分。富人们会在自己豪宅的浴室内享受，而广大市民则会去公共的浴室。罗马几乎每个城镇都有浴室，而罗马城内的浴室最多时达到了 1000 余家。

浴室是男女共用的，但是时间会错开。中午是女性使用，下午是男性使用。浴场里有酒馆、餐厅、按摩室。有些大型浴场还有图书馆和花园，罗马人在洗浴之余，在这里娱乐，度过整个下午。

傍晚时分，耕田的农民结束了一天的劳作，贵族和市民们也各自回到家中，准备享用晚餐。由于罗马人一天一般只吃早晚两餐，所以晚餐尤其丰盛。

夜晚时分，行人渐渐稀少，店铺各自关门，热闹了一天的罗马城开始平静。但很快为罗马城运送货物的马车就会络绎不绝地入城。夜间巡逻的卫士会守护着人们的梦境，直到下一个黎明的到来。

▲ 庞贝古城中的厨房

▼ 描绘古罗马人日常生活的镶嵌画

罗马人穿着什么样的服饰

说到罗马人的服饰，我们首先就会想到各种雕塑上他们身披的长袍。这种长袍就是罗马的民族服饰——“托加”长袍。

托加长袍的款式，源于希腊人以及受希腊人影响的伊特鲁利亚人。罗马人不论贵贱，都用几米长的布料斜向绕过肩头，包裹全身，下及脚踝。但不同身份的人，所穿托加的面料、颜色、款式都不相同。平民一般穿着亚麻、羊毛或棉质的托加，以黑色和棕色为主。而皇帝、执政官、统帅等社会地位很高的人，会穿紫色的托加，他们多使用来自东方的珍贵丝绸作为面料，上面还会有各种精致的装饰。元老院的议员们也通过不同款式的托加来区分身份的高低。

托加长袍的长度也和罗马文明的兴衰密切相关，共和制早期的托加只能覆盖上半身。到了帝国鼎盛时代，托加已经达到了6米，需要几个人帮助才能穿上。而到了帝国末期，托加也越来越小，仅作为罗马的一种象征。穿着托加是罗马公民的标志，罗马皇帝曾经以剥夺穿托加的权利作为惩罚手段。而军人是不穿托加的，因此托加也成了和平的象征。

在帝国末期的时候，由于经济的衰退，传统的托加长袍逐渐被东方样式的“丘尼卡”取代，丘尼卡是一种直筒长裙，相比托加，样式更为简洁。而罗马女性不能穿托加，她们的服饰主要是

▲ 古罗马服饰

希腊式的斯托拉和帕拉。这种服饰在肩部有细窄的带子，其他部分被巨大的披巾包裹。

罗马人的饮食是怎样的

早期罗马文明崇尚勤劳简朴的生活，并不十分重视饮食。吃饭只是被视为维持生命的手段，食物十分简单，以蔬菜、谷物和

▲ 古罗马时代的宴席

豆类为主，经过简单的烹饪就可食用。代表性的食物有谷物煮成的粥、蔬菜和豆类煮成的浓汤。

到了罗马文明的兴盛时期，随着国力的增强，以及东方文化的影响，饮食逐渐丰盛精致起来。罗马人对饮食兴趣大增，烹饪也开始被视为一种艺术。当时已经有人编写了有关烹饪的书籍，其中收纳了各式各样的食谱。

罗马人的主食是小麦制成的面包和各种点心，肉类主要是牛肉和猪肉。由于意大利本土地形狭小，缺少大型的牧场，肉食显得尤其珍贵。普通罗马人主要依靠海洋提供的鱼类满足对蛋白质的需求。而贵族们除了常见的肉食，还喜欢各种狩猎得来的野味和软体动物。野兔、鹿、野鸽、牡蛎和蜗牛都被视为珍馐美味。他们在烹饪中会加入牛奶和蜂蜜，还有来自东方的香料。

随着烹饪的发展，宴会也成了罗马人重要的社交娱乐手段。

他们经常在下午就准备宴席，晚餐可以一直持续到后半夜。宴会一开始会上一些奶酪、水产之类的开胃菜，接着是肉类制成的主菜，最后会上一些糕饼和甜粥之类的点心。除了美味的饮食，精致的餐具和酒具也是宴会的亮点。

小贴士

葡萄酒是罗马人最喜爱的饮品，无论贫富，每餐必备。不同产地、不同方法酿造的葡萄酒各有特色。罗马人也想出了各种饮用葡萄酒的方法，在冬天时加入蜂蜜和香料，加热后饮用；在夏天加入冰窖中储存的冰块，冰镇饮用。

罗马人的住宅是怎样的

罗马的文明也会在罗马人的住宅中体现出来。随着更多罗马遗址的发掘，我们得以一睹罗马文明的许多精致细节。

罗马高官和富商的住宅十分豪华，主要由优质的大理石建成。罗马建筑师一般把住宅分为两部分，前面是带柱廊的大厅，这里是主人的办公场所和会客场所。他会在这里接待同僚，还有那些寻求工作和接济的“食客”们。

前厅会以柱廊连接到住宅的后部，这里是私人生活区域。房

▲ 古罗马帕拉丁山花园

▼ 罗马民居

屋的主人会在这里进行私密的会客，进行休息和娱乐。住宅配有花园，从远处山区引来的泉水会在这里形成喷泉。在冬天，加热的泉水还会通过住宅地板下的管道，起到暖气的作用。后宅的地板上还会装饰由小块彩色石材拼成的马赛克，考古学家正是通过研究分析这些马赛克上的图案，向我们揭示罗马文明的方方面面。

相比较富人的住宅，古罗马城市里平民们的住宅就差远了。他们的住宅拥挤又肮脏，用简陋的木板制成，表面抹上泥灰。为了节省地皮，罗马城市里的平民住宅可建到六七层的高度，隔成许多面积为几个平方米的小间，租给各行各业的罗马市民。这里采光很差，而且没有水源，用水要到公共喷泉处去取，卫生条件十分恶劣。夏天这里密不透风，十分闷热。到了冬天，这些住宅的窗户只用帆布遮挡，十分寒冷，只能靠火盆来取暖，因此火灾也经常发生。

罗马文明有哪些文学成就

罗马文学的正式诞生，要归功于一位叫安德罗尼库斯的希腊人。他可能是一名在罗马人征服南意大利时俘虏的希腊奴隶。他一生担任罗马人的家庭教师，把希腊的著名剧本和史诗翻译成拉丁文，并且仿照这些名著，创作了最早的拉丁语文学。

安德罗尼库斯的作品没有流传下来，但催生了一批罗马的剧作家。罗马自己的文学创作，就是从戏剧开始的，这个时期罗马

▲ 安德罗尼库斯的雕像

文明正处于共和制时期，因此也把文学的启蒙时代称为“共和时代”。罗马文学由此开始又经历了“黄金时代”“白银时代”的发展历程。

“黄金时代”（公元前 100 年～公元 17 年）是罗马文学发展的巅峰。这个时代罗马文学在诗歌和散文的创作上取得了很大成就。代表人物有开创抒情诗歌的诗人卡图卢斯，他最早摆脱诗歌局限于神话历史的传统，将个人的情感表达在诗歌之中。还有伟大的诗人贺拉斯，他面对共和末期罗马的动荡，在诗歌中表达了自己对人类理想社会的渴望。这一时期的杰出诗人还有维吉尔和奥维德。

黄金时代的散文家西塞罗著有《论友谊》《论责任》等经典著作，他的文体被冠名“西塞罗文体”，在中世纪，拉丁语的写作者几乎都在仿效他的文风。这些“黄金时代”的文学家取得了不朽的成就，但自己经历了悲惨的命运。贺拉斯年仅 30 岁就英年早逝，西塞罗为共和献身，奥维德也因得罪屋大维被流放到偏远的黑海之地。

在屋大维死后 100 多年，罗马文学进入了“白银时代”。如同希腊神话中所说的一样，在经历了“黄金时代”的美好理想之后，“白银时代”的作品开始变得虚妄、造作。罗马贵族们喜好诗歌，却只是吟诵一些堆砌修辞的作品。而克劳狄王朝政治的血腥痛苦，也在文学中体现出来。这一时期也有自己的成就，那就是在悲剧和小说领域，代表作家有擅长创作悲剧的塞内卡和被誉为“小说之父”的阿普列犹斯。

在“白银时代”之后，真正意义上的罗马文学也就终结了。罗马的文学被基督教文学取代。但是罗马文学的成就没有被遗忘，启迪了后世一代又一代的文学家。

罗马艺术有什么成就

有人曾说：“在军事上，罗马是一只巨兽，它疯狂地撕咬大地，吞下了地中海；但是在艺术上，罗马必须承认自己是希腊的学生。”确实，相对于希腊文明，罗马的艺术成就缺少原创性。但是，众多的罗马作品使得西方古典艺术发扬光大。

罗马艺术最突出的代表就是雕塑。早期罗马没有自己的雕刻家，罗马城内的朱庇特神像都是请伊特鲁利亚的雕刻师完成的。

▲ 古罗马时期马赛克装饰画

这一时期罗马的很多雕塑，都是来自于征服希腊各城邦的战利品。

在共和制晚期，罗马才涌现出大量自己的作品。相较于希腊人喜欢表现浪漫的神话题材，罗马人更讲究实际，除了神祇，他们热衷雕刻当代的杰出人物，为贵族们雕刻祖先的雕像，以及希腊经典作品的复制品。正是这众多的罗马复制品，才使许多早已遗失的希腊杰作得以被世人知晓。此外，罗马人热衷于浮雕，在石棺和纪念碑上展示罗马的丰功伟业。

罗马最具自己特色的艺术形式要数壁画和马赛克。希腊人也擅长壁画，但是大多没有保存下来。而罗马壁画的兴盛，得益于鼎盛时代强盛的国力。罗马的众多达官显贵都热衷于聘请画师，为自己的住宅增添色彩。罗马的壁画表现的多是日常生活的点点滴滴，细节精致，并且已经开始具有三维的立体构图技术。

小贴士

马赛克原本是富人的装饰，只有他们才能请得起匠师，去花费大量时间用小块石材拼成精美的人物故事图案。但马赛克真正发扬光大，是得益于贫穷的底层基督徒。他们大多不识字，经常聚集在地下活动，早期的罗马基督教士就是通过地板上的马赛克，将《圣经》的故事讲解给他们。

罗马人留下了哪些科学技术成就

如同罗马艺术的特点一样，罗马的科技也是继承自希腊文明。罗马人不像希腊人那样创造了众多的理论概念，他们更注重在现实中运用科技。

农业是罗马最重要的产业，罗马科技中，最先要提及的就是农学。罗马最著名的农学家加图，将罗马农业生产的技术经验编写

▲ 加图

▲ 普林尼

成《农业志》，其中将如何选择耕地、如何建筑农场、怎样配备人力，以及播种、耕地、施肥、嫁接、酿酒、榨油等方方面面介绍得非常详尽，并且向我们传达了奴隶制社会下古人的经济管理思想。

罗马科技的另一成就是天文历法。在凯撒统治期间，埃及亚历山大里亚的天文学家制订了儒略历。现行公历的大小月和每月的天数都是在这个时候确定的。儒略历在西方使用了1600多年，直到近代才被更精确的历法取代。

在关乎人体健康的领域，罗马有杰出的医学成就，诞生了古典西方医学大师盖伦。盖伦进行了大量的动物解剖，对骨骼肌肉有了细致的观察总结，认识到人类具有各种生理系统，通过血液的循环维持生命。他的著作随后在欧洲1000余年里一直被认为是绝对的经典。

整个古典时代的科学技术，也是在罗马时代得到了最后的综合总结——这就是罗马科学家普林尼的功劳。他一生手不释卷，留下了大量的笔记手稿，光是著作就有近百卷，其中最为重要的就是《自然史》。书中普林尼将几千种古代科技文献和几百位科学家的成果都收纳进来，堪称古代世界的百科全书。

罗马人怎么记录自己的历史

就像人长大后会回忆起童年，一个民族发展到一定程度后也会回顾自己的历史。罗马人开始著述自己的历史，开始于布匿战争期间。

罗马人在模仿希腊史学的基础上编著历史，最初的罗马史书也是用希腊语写成。希腊史家偏好通过个人广博的见闻编写成宏大的史书，罗马人则在史书中将自己民族远古的传说、民间的逸闻都收纳进来，形成了自己的民族史。

罗马史学的奠基人就是撰写了《农业志》的加图，他写作了《创始记》，在其中追溯了意大利各城邦的起源，着重介绍了布匿战争的经过，可算是一部“当代史”。他在史书中宣传爱国主义思想，认为史书的功用就是教育青年。他的这一理念，一直被罗马史学家继承。

罗马最著名的史学家要数李维，他穷尽一生，旁征博引，编写成了时间跨越800多年的《自建城以来》(又称《罗马史》)。

▲ 塔西佗雕像

李维在作品中讲述古代的故事，目的在于教育共和制末期的人们：审视现在，不忘曾经的道德和荣誉。这部著作共 142 卷，而今只保留有 35 卷，确是一大遗憾。

在帝国时代，罗马也诞生了杰出的史学家塔西佗和普鲁塔克。塔西佗最著名的作品是《阿古利可拉传》和《日耳曼尼亚志》。这两本小册子成了后人研究上古西欧蛮族的重要史料。而普鲁塔克的著作是《希腊罗马名人传》，他在书中将希腊罗马的历史名人并列比较，确立了纪传体史书的地位。

现代有哪些节日是罗马文明遗留下来的

罗马文明的一大特色是它的节日，罗马人喜好热闹，崇拜的神数量众多，于是产生了许许多多庆祝神的节日。随着罗马的发展，节日也越来越多。到了 3 世纪的时候，一年居然有 170 多天节日。罗马人借节日狂欢，穷奢极欲。不得不说，节日也是罗马衰亡的原因之一。

这众多的节日中有一些流传到了现代，我们庆祝这些节日，却少有人知道它们和罗马文明有关。

首先要说的就是 12 月 25 日纪念耶稣诞生的圣诞节，但是学者们推算，耶稣并不在这一天出生，这是怎么回事呢？原来在罗马时期，每年的 12 月下旬是重要的农神节，在这期间罗马人互换礼物，狂欢庆祝，连奴隶也可暂获自由。随后的 12 月 25 日，

▲ 圣乔治屠龙

是罗马人崇拜的太阳神的诞辰日。于是在君士坦丁大帝主持的尼西亚公会议上，考虑到让罗马人接受基督教，就把这一天定为圣诞节，互换礼物的传统也被传承下来。

还有就是情人节。2 月 15 日原本是罗马的牧神节，罗马的青年男女经常在牧神节的前夜表达爱意。在罗马帝国时期，有一位叫瓦伦丁的基督徒被判处死刑，他在狱中爱上了典狱长的女儿，在临刑的牧神节前夜写了一封长信表达爱意。典狱长的女儿被他打动，但两人已阴阳两隔。后来瓦伦丁被封为圣徒，所以情人节又叫圣瓦伦丁节。

还有一个日子也和罗马有关—— 4 月 23 日世界读书日。说来十分有趣，这一天原本是圣乔治纪念日，但圣乔治并不是学者或者作家，而是一名信仰基督教的罗马战士。传说他曾经英勇地斩杀过恶龙，被封为圣徒。后来英格兰把他选作自己国家的保护神，有在这一天给孩子赠送书籍的习俗，于是这一天就演变为现在的世界读书日。

拉丁语是如何影响现代语言的

如果你略懂一些现代西欧国家的语言，就会发现，它们有些词汇非常相似。这是因为这些语言都继承了古代罗马拉丁语的“遗产”。

在罗马文明时期，拉丁语作为帝国的官方语言，在帝国西部通行，渗透到当地的民族语言之中。现代的法国、意大利、西班牙，都曾是长期受罗马文化影响的地区，因此他们的语言就和拉丁语十分相似，可以视作拉丁语的方言。在语言学上，这些语言都被列为“罗曼语族”。

而英国在历史上属于罗马统治的偏远地带，受罗马文化影响较小，为什么英语中与拉丁语相似的词汇也很多呢？原来，在中世纪的时候，英格兰曾被来自法国的诺曼底人征服并统治。所以许多源自法语的词汇进入了英语之中，发展为现代的英语。同时在中世纪时，拉丁语是西方教会通行的语言，凡是信仰天主教的国家和地区都会受拉丁语的影响。

拉丁语再一次影响现代语言是在近代。这一时期，西方科学理论迅速发展，出现了很多新的抽象概念，并且出现了国际间的学术交流。这些概念难以用来自日常生活的本民族语言表达。而拉丁语拥有丰富的构词法，近代西方学者创造了许多基于拉丁语的新词汇，拉丁语又成了一种科学的语言。牛顿就在自己的著作里使用了大量拉丁语合成词。有些学者直接用拉丁语写作，近代法国哲学家笛卡尔的有些著作就是用拉丁语写成的，一直到20世纪还有人用拉丁语写论文。

小贴士

拉丁语也随着近代的西方传教士进入了中国，近代最早与西方交流的中国人中，有一些向他们学习了拉丁语。这些传教士用汉语音译书籍里的拉丁语词汇，而这些词汇也流传下来，从而使拉丁语融入了现代汉语之中。

第四章

尘封的埃及文明

古埃及、古印度、古巴比伦与古中国并称为“四大文明古国”。尼罗河是埃及的母亲河，古埃及人利用自己的勤劳智慧，在尼罗河沿岸发展了先进的农业文明。农业文明的发展为古埃及文化的诞生奠定了坚实的物质基础。除农业文明，古埃及人还充分利用自己的物产和地理优势，创造了独具特色的手工业，同周边国家和地区展开了频繁的经济交往。

可惜的是，古埃及文明没有像古代中国文化一样流传下来。如今，我们只能在尘封的古迹中领略古埃及文明的风采。

古埃及为何成为四大文明古国之一

古埃及和古印度、古巴比伦、古中国并称为四大文明古国，这四个古老的国度因各自独特的历史文化传统而在世界各文明中非常具有代表性。古埃及是怎么赢得“四大文明古国”称号的呢？

古埃及和中国一样，有悠悠五千余年的文明。当欧洲大陆尚处于蒙昧之时，在非洲东北部沙漠地带的古埃及人便在尼罗河两岸创造了农业文明，率先迈进了奴隶制社会。在公元前 4000 年

▼ 古埃及神庙圆柱上的象形文字

左右，古埃及人发明了象形文字。腓尼基字母就是在古埃及象形文字的基础上发展而来的，而现在英、法等国的拼音文字，正是在腓尼基字母的基础上形成的。古埃及人还利用自己的智慧建造了世界上最早、最宏伟的神庙和金字塔。无论是雄伟壮丽的金字塔、形象丰富的雕塑壁画，还是影响至深的象形文字，古埃及人所创造的文明直到现在仍然触动着人们的心灵，启发着人们的智慧。正因为如此，“历史之父”希罗多德才会发出这样的感慨：“没有任何一个国家有这么多令人惊异的事物，没有任何一个国家有这么多无法形容的丰功伟绩。”

古埃及文明延续时间之久、内容之灿烂，足以与古中国、古印度、古巴比伦媲美，因此被列入“四大文明古国”，是当之无愧的。

古埃及文明的产生是以什么为基础的

古埃及、古巴比伦、古印度和古中国是四大文明古国，任何一个文明都是以一定的生产生活基础为条件的。没有物质文明的支撑，就无法创造灿烂的精神文明。

有趣的是，作为四大文明古国，虽然古埃及、古巴比伦、古印度和古中国在经济状况、生活方式以及文化状态上有各种不同，但是四大文明古国都是在相同的经济基础上建立的。四大文明古国的文明，都是在河流沿岸诞生的，因为河流沿岸最适合农业耕种。四大文明古国的文明发展各不相同，但是它们都属于大河文明。希罗多德说的没错——“埃及是尼罗河的赠礼”，如果没有尼罗河，别说创造光辉灿烂的古埃及文明了，古埃及人能不能在那片沙漠之中生存下来都很成问题。

古埃及文明的起源以尼罗河为依托，古埃及人利用尼罗河进行灌溉，发展了独具特色的灌溉农业。随着农业的发展，人们开始在尼罗河沿岸及三角洲地区聚居，于是城镇产生了。同时，由于古埃及人的生存空间相对狭小，促使野心勃勃的地方统治者通过统一活动扩张自己的领地，导致了统一集权机制的形成，终于在公元前 3100 年实现了上、下埃及的统一，古埃及文明由此逐步形成。

▼ 尼罗河

人们为何对古埃及感兴趣

“埃及学”之所以能够迅速发展为一门独立的学科，最重要的因素是人们对古埃及文明的痴迷。

由于亚历山大入侵等历史事件，古埃及文明的某些方面已经成为了西方文明的一部分，古希腊历史学家希罗多德就曾在自己的著作中对古埃及的各个方面进行过描述。古埃及文明的两个方面令西方人特别着迷，第一个是古埃及人的“生死观”，第二个是古埃及人创造的已经失传的智慧。古埃及人有一种始终与死亡作斗争，并积极地追求永生的精神。无论是富丽堂皇的墓室、千年不腐的木乃伊、各式各样的随葬品，还是金字塔、方尖碑、神庙和各种护身符，都是古埃及人追求永生的证据。古埃及人创造了博大精深的文明，传说，智者索伦在尼罗河三角洲向当地的祭司请教过有关智慧的问题，亚历山大的西里尔甚至声称柏拉图的智慧就是从古埃及学到的。人们认为古埃及的智慧神“图特”和希腊的神“赫尔墨斯”曾经一起创造了占星术、魔术、文字和炼金术。人们试图对古埃及进行研究，以寻找这些失落的智慧。

在西方人看来，古埃及有着绚烂瑰丽的文明，西方人从古埃及人那里汲取了智慧的营养，甚至连《圣经》中都有关于古埃及的记述。

▲ 内巴蒙墓室壁画《捕禽图》，体现了古埃及人的生死观

古埃及历史与中国历史有什么相似之处

古埃及和古代中国人民创造了辉煌灿烂的古埃及文明和华夏文明，两种文明有许多不同之处，现在，我们主要看看古埃及和古代中国文明有何相似之处。

古埃及和古代中国一样，都是大河沿岸发展起来的农耕文明。在大河文明的基础上，古埃及和古代中国先后脱离了原始社

▲ 古埃及莎草纸

会，步入了奴隶制社会，为文明的孕育创造了稳定的社会条件。古埃及人和中华儿女一样，都通过自己对天体和自然界的观察制订了完善的历法。古埃及的科普特历和中国的农历都十分完善，无论是科普特历“三季”的设置还是中国农历“二十四节气”的设置，都能够让人们很方便地根据日历来安排农事。古埃及和古代中国都发明了自己的象形文字，并发明了造纸术。古埃及的莎草纸和中国的纸浆纸虽然在原料与制作方法上有许多不同，但是都为文明的传播创造了条件。

古埃及和古代中国同样都是四大文明古国之一，二者在方方面面有许多共同之处。研究解读古埃及的历史，是从侧面对中国历史的进一步了解。拥有独特的文化，并促使这种文化能够传播、繁荣下去，这大概就是古埃及和古中国文化最大的共同之处。

法老是干什么的

如果有人到埃及旅行，一定不会错过吉萨高地，在那里矗立着一座座威严的金字塔，这些金字塔就是法老的坟墓。在古埃及，法老到底是何等人物，连他们的坟墓都被修建得如此神秘而庄严呢?

在古埃及，法老是国王的尊称，它是埃及语的希伯来文音译，意思是“大房屋”。在公元前 2686 年 ~ 前 2181 年的古王国时代，“法老”指的是“王宫”，并不涉及国王本身。随着时间的推移，在新王国第 18 王朝图特摩斯三世的时候，“法老”一词发生了变化，人们开始用“法老”这个词指代国王本身，并逐渐演变成对国王的一种尊称。到了第 22 王朝以后，“法老”一词正式成为国王的头衔。古埃及是中央集权的奴隶制国家，作为专制君主，法老掌握着全国的军政、司法和宗教大权。在古埃及，法老是国家的最高统治者，法老的意志就是国家的意志，就是法律。为了提高自己的权威，古埃及法老自称为太阳神阿蒙的儿子，并暗示人们，自己是神在地上的代理人和化身，不服从法老的意志就是违背神的意志，会受到上天的惩罚。

▲ 驾着战车的拉美西斯二世

正因为如此，古埃及人对法老才疯狂地崇拜，官员们甚至以亲吻法老的脚而感到自豪。

古埃及的王位怎么继承

古埃及是中央集权的奴隶制王国，法老是最高领导者。如果一位法老去世了，接下来要由谁来继任，由谁来继续统治这个国家呢？

古埃及的王位继承和古代中国很相似，国王死后，一般都是由国王的儿子继承王位。但是古埃及也有改朝换代的时候，这

▲ 哈特谢普苏特女王神庙

时，王位就会由其他家族来掌控了。如果法老没有子嗣的话，那么法老就会由祭司来担任。但是即使改朝换代了，有些家族为了王朝的延续，仍旧会用原来的名字。古埃及最后一个王朝是托勒密王朝，从第一个皇帝直到最后一位皇帝，他们都叫“托勒密”，但是托勒密一世并不是这个王朝的第一位皇帝，而是沿用了以前帝王的名字。在古埃及，女人继承王位的情形并不少见，比如埃及艳后克丽奥帕特拉，不过，她们不会沿用以前法老的名字，后来的法老也不会沿用之前女王的名字，但后来的女王可以沿用之前女王的名字，比如哈特谢普苏女王和哈特谢普苏二世女王。

综上所述，古埃及和古代中国一样，王位是世袭的。但和古代中国不同的是，如果法老没有王子，公主也是可以即位的。中国只有一位武则天女皇，在古埃及历史上，女王是司空见惯的。

古埃及的战士穿铠甲吗

一说起行军打仗，大家脑海里首先浮现出的是一队队排列整齐的士兵，他们穿着锃亮的铠甲，手拿钢矛，令人胆寒。由于物产丰富，古埃及一直都是外族入侵的对象，对法老来说，有一支精良的军队是必不可少的。古埃及的军队训练有素，士兵十分勇猛，但是他们看起来没有这么厉害，这是为什么呢？

古埃及的种植业很发达，棉麻产量很高，这就是普通老百姓都穿棉麻衣服的原因。令人惊讶的是，不但老百姓穿麻布衣服，连那些行军打仗的士兵也都穿着麻布衣服上战场，根本不像别国的军队那样披着厚厚的铠甲。难道是因为古埃及在军队中大力缩减财政支出，以致士兵没有铠甲穿吗？不是这样的！古埃及的士兵不穿铠甲，是因为他们穿不惯。古埃及地处沙漠地区，气候炎热，如果穿着厚厚的铠甲上阵，对于穿惯单衣的士兵来说不但行动不便，还可能中暑。所以他们才拿着木制或是芦苇编的盾牌，轻装上阵。

虽然装备很简单，但是古埃及士兵的作战能力并未因此而降低。入侵者穿着厚重的铠甲在炎热的沙漠中奔跑一阵后，就有些吃不消了。而古埃及士兵所使用的芦苇盾牌的力量也是不可小看的。当时的弓箭可没有把粗草绳一下子射断的威力，那些弓箭一支一支地插在盾牌上，而盾牌后面的士兵却可以毫发无伤。

▲ 古埃及墓室壁画中的努比亚士兵

古埃及文字有哪几种形式

早在 5000 多年前，古埃及人就发明了象形文字，他们称其为“神的文字”。古埃及人认为他们的文字是月神、计算与学问之神——图特创造的。

古埃及象形文字经过了四个阶段的演变，它们分别是象形文字、祭祀体文字、世俗体文字和科普特文字。象形文字产生于公元前 3000 年，是最早的能够构成体系的古埃及文字，又称为“圣书体”。后来，为了方便使用，书吏们又将象形文字的符号进行了简化，创造了祭祀体文字。祭祀体文字就是人们所说

▲ 图特神

的“僧侣体文字”，通常是由僧侣以芦苇笔为书写工具，写在莎草纸上。祭祀体文字的草写形式就是世俗体。在世俗体的基础上迎来了古埃及文字发展的最后一个阶段，这就是科普特体文字。科普特体文字深受希腊文和圣经文学的影响，广泛用于宗教事宜。

古埃及文字的特点就是直接描绘物体形象，这种文字与拼音文字相比较，具有便于理解的优点。古埃及文字是世界上最古老的文字体系之一，自公元前 3000 年逐渐形成，一直使用到公元 2 世纪，古埃及人正是用这些文字记录下了辉煌的历史和文化。

古埃及文字为什么会失传

商博良是法国著名的语言学家、历史学家、埃及学家，他通过 10 余年的努力终于打开了研究古埃及文字的大门。古埃及文字为什么会失传呢？

古埃及象形文字产生于公元前 3000 年，在数千年的时间里，象形文字出现了诸多变体，各种变体之间都存在着显著的不同，这就使得人们很难将它们相互联系起来。在古埃及，文字是一种由贵族垄断的资源，这导致文字不能在劳动人民之间传播，极大地扼杀了文字的生命力。古埃及象形文字之所以衰落，既有内部原因也有外部原因。历史上，古埃及屡遭外族入侵，虽然在波

▲ 商博良纪念邮票

斯人统治期间，“圣书体”继续被使用，但是到了法老时代晚期，古埃及象形文字的地位就有些尴尬。古埃及人将自己的象形文字描绘成神的文字，这种自以为是的心态导致外族人对这种文字产生了严重的抗拒心理。到了后来，古埃及象形文字甚至在使用上区分了“真正的埃及人”和“外国统治者”，这是文化传播上的禁忌，一种文字只有不断地被别国学习，才能获得更强大的生命力。

古埃及象形文字自身有很多变化，难以理解和运用。但是促使其走向灭亡之路的最大原因还是传播上的限制。文字是语言的附属物，如果一种语言不允许别人说，那它就难以发展；如果一种文字不允许别人使用和书写，那它的命运也只能是灭亡。

古埃及的学校有什么特点

学校是传播知识、教书育人的地方。如果一个民族开始建立学校，这就说明这个民族的文化已经发展到了不容低估的程度。古埃及人在很早以前就建立了学校，不过，他们所建立的学校和现代的学校有很大的不同。

古埃及的文字经历了长久复杂的演变，本来就难以掌握，再加上统治阶级对文字的垄断，就造成了一种现象：在古埃及，认识字的人并不多，甚至可以说认识文字是贵族的特权。一个古埃及人如果想要学习文字的话，他必须要去神庙附设的学校，因为文字是一种神圣的东西，不是任何人都能够教授的。在学校中，教师一般由专门负责宗教事宜的祭司担任。学生们学习的内容也很有限，他们主要学习新王国时期遗留下来的大量“学校文献”。学生们首先学写个别的字，等字认得差不多了，就开始着手抄写各类作品。这些作品种类很多，包括文学著作、宗教文献，甚至还有类似辞典的作品。

这种教育方法有很大的好处，一方面能够让学生们对文字更熟悉；另一方面也可以让他们了解作品的内容，并通过作品的内容使他们受到教化。

▲ 法老与祭司

古埃及历法上为什么一年只有三季

如果瞧一眼家中的日历，我们就会发现，公历将一年分为春、夏、秋、冬四季。古埃及历法是现行公历的重要参考蓝本，但奇怪的是，古埃及的每种历法上一年都只有三季，这是为什么呢?

要想回答这个问题，还得从古埃及的农业生产规律着手。事实上，古埃及人如此划分一年的季节，完全是为了适应尼罗河的涨潮周期。古埃及历法中的第一个季节“阿哈特季”是尼罗河泛

▲ 刻在卡纳克神庙墙壁上的古埃及日历

滥的季节，从公历 6 月中到 9 月中。这时，人们休养生息，准备播种。第二季是“贝尔特季”，是耕种的季节，从 10 月中到第二年 2 月末。此时，洪水已过，人们都在忙着耕地、播种，随着农作物的发芽和生长，田间管理就成了主要的工作，农民们就开始忙碌起来。因此，“贝尔特季”是农民比较繁忙和劳累的时期。第三季称为“沙姆季”，是收获的季节，从公历 3 月到 6 月。进入“沙姆季”后，天气炎热，农作物陆续成熟了，人们不但要加强田间管理，还要准备各种收割事宜、打场入仓，是最辛苦也是最愉快的季节。在埃及一座古墓出土的文物中，曾发现过一幅版画，上面刻有三尊神像，他们各执每一季节的名称，神像下刻有各季节的符号，它们是古埃及的季节神。

古埃及人在日常生活中通过观察大自然，找到了最适合的耕作方式。他们还从本国具体情况出发，将一年分为三季，并依此进行播种和收割。这些都是他们为了获得丰收而付出的努力，难怪古埃及的农业会如此发达。

古埃及人在几何学上有什么造诣

古埃及的兴起是建立在农业发展的基础上，随着农耕文明的发展，土地测量成为生产活动中不可或缺的事项。事实上，古埃及的几何学正是在土地测量的过程中逐渐形成的。

古埃及人不但善于观察大自然，还有强大的创造力，他们从生产实践中总结出许多几何学理论知识，并将其用于生产实践，实现了理论与实践的结合。根据希腊历史学家希罗多德推测，尼罗河泛滥后淤泥会淹没土地的边界，古埃及人每年在尼罗河泛滥后都要重新确定土地的边界，以确定当年这些土地所要上缴的赋税，几何学就是在这种背景下产生的。他们建立了相对准确的计算圆面积的方法，即用直径减去它的九分之一后再平方。实际上，这相当于用 3.1605 作为圆周率，当然，古埃及人当时还没有圆周率的概念。除了计算圆面积，古埃及人还能计算矩形、三角形和梯形的面积，以及立方体、长方体和柱体的体积。他们用于计算正方锥体体积的公式和我们现在所使用的公式完全一致。

虽然人们所发现的关于古埃及几何学的文献并不多，但是古埃及的巨大石砌建筑，都是古埃及几何学水平发达的表现。了解

▲ 古埃及几何学成就的“集大成者”——金字塔

金字塔的人都知道，金字塔是用巨大的石块砌成的，而这些石头全部被磨成了正方体，几乎没有误差。由此可见，古埃及人的几何学知识已经达到了相当高的水平。

古埃及人的医术发达吗

古埃及的医学技术和天文、数学、建筑水平不相上下，如果你看到古埃及的金字塔，就会对古埃及的数学和建筑技术感叹不已；如果你看到至今仍保存完好的木乃伊，就不难想象古埃及人的医术是何等发达。

▲ 受人们爱戴的古埃及医药之神——伊姆霍特普

在公元前3000年左右，古埃及就出现了最早的医疗文献，第一个留下名字的古埃及医生就是被古埃及人奉为神明的智者伊姆霍特普。“伊姆霍特普”一词的意思是“平安莅临者”，他是公元前2900年左右左塞尔法老的御医和大臣，也是古埃及医学的奠基人。现在发现的古埃及医学文献，大多是记在莎草纸上的各种药方、药剂，对疾病的描述并不多见。以发现者埃伯斯的名字命名的“埃伯斯纸草”，是一部宽30厘米、长达20.23米的古埃及医学巨著。“埃伯斯纸草”是在大约第18王朝时期写成的，看起来像一部医学教科书，虽然里面记载着一些迷信的内容，但是医学基本上已经从巫术中分离出来了。“埃伯斯纸草”上记述了47种疾病的症状和治疗方法，涉及内科、五官科和神经科疾病，对腹泻、肺病、咽炎、眼病、妇科病、儿科病等都有详尽的描述。此外，“埃伯斯纸草”上还记载了解剖学、生理学和病理学方面的一些知识，单是药方就有877个之多。

“埃伯斯纸草”的发现表明，在第18王朝时期古埃及的医学已经达到了相当完善的水平。

古埃及人是如何制作木乃伊的

知道“古埃及”这个词汇的人，一定也知道“木乃伊”这个词语。要想真正地了解古埃及，我们必须说一说木乃伊。木乃伊的制作体现了古埃及人高超的医学、化学、药剂学等方面的知识，现在让我们看一看木乃伊到底是怎么做成的吧！

“木乃伊”即“人工干尸”，这个词语是从英语“mummy”一词翻译而来的。木乃伊是指一种经过特殊处理后干枯不腐的尸体。对于古埃及人来说，制作木乃伊是一件很容易但又很庄重的事情。他们在制作木乃伊时，首先要进行“洗脑”。负责制作木乃伊的技师在死尸的鼻孔中插入一个铁钩，掏出一部分脑髓，再把一些先前配好的药料注到脑子里进行清洗；其次是“清腹”，技师用锋利的石刀在尸体的侧腹上切一个口子，把内脏取出来，将腹腔清洗干净，再用椰子酒和捣碎的香料填充，并按照原来的

▲ 古埃及木乃伊

样子缝好。做完这些之后，他们会将尸体在泡碱中放置两个多月，最后把尸体清洗干净，用细麻布从头到脚包裹起来，并在外面涂一层树胶。这样，一具木乃伊就制作完成了。

制作一具木乃伊需要用到如此多的专门知识，古埃及人的科学水平之高可想而知。或许，这也是学者们积极地研究木乃伊的原因吧！在某种程度上，研究木乃伊就是研究古埃及的技术水平。

古埃及人如何运用物理知识采集巨石

金字塔是由500万吨巨石垒砌而成的，其中每块石材的重量都有2000多千克。每一位研究金字塔的学者都会首先考虑这样一个问题：古埃及人如何采集和运输这些巨大的石块呢?

建造金字塔使用最多的就是石料，开采石头不是一件容易的事。当时还没有铁器，人们要用铜制的凿子在岩石上凿个洞，把木楔插进去，并灌上水。这样一来，木楔就会被水泡胀，岩石就胀裂了。采完石头后，将石头从采石场运往工地也很困难。在运输石头时，滚木发挥了很大的作用，节省了大量人力。根据希罗多德的记载，金字塔的石料是从西奈山上开凿而来的，要运送这些石料必须用滚木，以减少道路和石块之间的摩擦。刚开始建造金字塔时，石块很容易垒上去，但是建造到一定高度后，要将石块从金字塔底端运到上面是要费很大力气的。在没有现代化起重机械的情况下，古埃及人想到了一个办法。他们将场地四周天然的沙土堆成斜面，然后再沿着斜面将巨石拉上金字塔。就这样，堆一层斜坡，砌一层石块，逐渐增加金字塔的高度。

古埃及人充分运用他们所掌握的物理知识，并借助原始而简单的工具，建造了令世人赞叹的金字塔。

古埃及人过男耕女织的生活吗

古埃及人在新石器时代晚期就开始在尼罗河河谷和尼罗河三角洲地区定居，他们建立了具有一定规模的聚落。

人们形容古代中国人的生活方式，总喜欢用“男耕女织”这个词，这个词同样适用于古埃及人吗？古埃及人以农业为主要的生产方式，每年 10 月中旬尼罗河水从田地上消退后，男人们开始忙着耕种，经过几个月的农事料理，就到了收获的季节。男人们在“沙姆季”收割庄稼，庄稼收割完毕，就迎来了“阿哈特季”，这时尼罗河水开始泛滥。作为古埃及的主要劳动力，男人们闲了下来，他们可以牧牛、钓鱼或者捉野雁，以补贴家里的生活费用。在古代中国，女人是织布的能手。在古埃及，男子却很擅长编织亚麻布。这是因为古埃及的棉纺业一直都很发达，织亚麻布是许多家庭重要的经济来源。许多女子都会把丈夫织成的亚麻布染上漂亮的颜色，拿到集市上去售卖。

如果你看到描绘古埃及人生活的电影中，女子到市场买卖而男子却坐在家中纺线，千万不要对此产生怀疑。

“男耕女织”这个词之所以不适合描绘古埃及人的生产生活，是因为古埃及的生产模式和古代中国有很大的区别。对于古埃及人来说，农闲和农忙的时间都十分集中，而且纺织与农耕并列为家庭经济的两大支柱。

▲ 古埃及人在织布

▼ 壁画中展现的古埃及人牧牛场景

古埃及人穿什么样的衣服

虽然古埃及人沿尼罗河两岸居住，但是尼罗河也无法使沙漠地区的温度降低。为了适应炎热的气候，古埃及人制作了既简单又凉快的衣服，形成了独特的穿衣风格。

古埃及盛产棉麻，古埃及人最喜欢穿的衣服就是用麻布制成的。现代的男人总是穿衬衫和裤子，在古埃及可没有裤子，不但女人穿裙子，男人也穿裙子。在壁画中，古埃及的男人通常赤裸着上身或穿一件短袖圆领衫，而女人最典型的装扮是穿一件无袖的长衫。女式长衫的传统名称是“卡拉西斯”。在新王国时期，女式长衫的式样很简单，后来逐渐变得比较华丽，出现了打褶的花边，反映了当时人们财富的积累以及对奢华之风的追求。虽然古埃及人的染色技术同织布技术一样纯熟，但是一般只限于皇族和神穿染色的衣服。最有意思的是，在古埃及，人们一般不穿鞋，直到现在人们也不知道这到底是为什么。或许只有有钱人才穿得起凉鞋吧！

古埃及人的衣服十分简单，他们经常用尼罗河水把衣服洗得干干净净的，在黄沙、蓝天的衬托下，穿着白色亚麻布衣服的古埃及人显得别有风韵。

▲ 身着亚麻服的古埃及人

▼ 浮雕上身着盛装的法老图坦卡蒙及其王后

古埃及人通常住在什么地方

看到尼罗河西岸宏伟壮观的金字塔，人们难免会产生这样的判断：古埃及的建筑水平非常发达，古埃及人居住的地方也一定很漂亮很讲究吧！不得不说的是，这个判断对了一半、错了一半。古埃及人的建筑水平的确在世界建筑史上名列前茅，但是古埃及人的住所十分简陋。

古埃及人自古以来就聚居在尼罗河两岸，房子都修建得十分简单。古埃及人用什么造房子呢？答案是尼罗河中的泥巴和沙土。他们在泥巴中加入谷物残渣、干稻草，拍成一个方块，放在炽热的太阳下暴晒，一块块“泥砖”就造好了。泥砖晒好之后，他们就开始动手垒房子了，建好了墙壁，大多在房子上搭草屋顶，如果要盖两层房，那第一层屋顶就要用木头来盖。古埃及人的住房都很简单，他们还另外建造一座炉灶，当作厨房。这种房屋构造，直到现在仍是埃及农村主要的建筑形式。贵族的住所不能一概而论，因为贵族的身份能够决定一个贵族的住宅有多么豪华。但是，在古埃及，豪华住宅似乎并不流行，因为即使是贵为一国之主的法老，他的宫殿也仅仅是宽敞一些罢了，仍然是用木柱和泥砖修建的。

这种建筑最大的不便就是洗澡，因为，泥砖建造的房子是怕水的。所以古埃及人一般都在露天洗澡。法老的浴室豪华一些，

▲ 埃及人的房子通常是用泥土建造的

内墙上会贴上一层薄薄的石片，用以防水。古埃及人认为，只有死者才可以住石质墓穴，因为古埃及人相信，人死后会在另一个世界永远地活着。

古埃及男女的肤色有什么差别

从古埃及的壁画中，我们可以获得这样一些信息：古埃及人和白人、黑人有明显的区别，他们也不是黄种人。但是，有些壁

▲ 古埃及墓室壁画中，男人与女人的肤色明显不同

画中也把古埃及的妇女或一些男人画成白色或黄色，古埃及男人和女人的肤色有没有差别呢？

在古埃及的绘画中，男女的差别除了衣着，在肤色上的差别也相当明显。画师一般把男子的肤色画成棕色或黄色，而女子的肤色通常为粉白色。至于为何要进行这样的颜色选择，大概是画师想通过绘画表现古埃及男女在生活、劳动和性格上的不同。把男子的皮肤涂成深色，暗示古埃及男子经常在外活动，晒得比较黑；把女子的皮肤涂成浅一些的颜色，则表明女子不像男子那样常在户外活动。当然，这都是画师们通过对现实生活的观察总结出的规律。实际上，古埃及男女的肤色并非都是这样。

还有一点是不容忽视的，古埃及的女子非常喜欢化妆，她们在画眼线、涂眼影之前总是要往脸上涂些粉、搽些胭脂，这大概也是女子看起来比男子肤色白的原因吧！

古埃及人的假发是如何做成的

古埃及人不但有独特的审美观，而且十分爱干净，他们往往将头发剃光，这样不但舒适凉快，还能防止生虱子。头发剃光之后，古埃及人就养成了佩戴假发的习惯。古埃及人制作了精致美观、样式各异的假发。

假发不但可以让人们随心所欲地选择各种发型，而且易于清洗，还可以阻挡阳光，使头皮保持凉爽。在许多古埃及的雕像中，都会发现一小撮真发从假发里冒出来，这表明假发除了被古埃及人视为真发的替代品，也是点缀头发的理想饰物。古埃及人在死后制成木乃伊时，也会佩戴假发。

古埃及人往往以真发、羊毛和植物纤维为材料来制作假发或驳发。其中，以真发制造的优质假发价格最为昂贵；中等价钱的假发采用真发与植物纤维混合；廉价的假发则全部以植物纤维制成。假发有卷曲及发辫样式，通过对原材料进行编织而成，古埃及人发明了多种编织法。驳发是指利用蜜蜡、树脂将假发直接固定在真发上。在古埃及，假发制造业是一个受人敬仰的行业，也是供女性从事的工作种类之一。迄今为止，考古学家已经发

▲ 拉穆斯墓壁画中戴假发的男女

现了许多假发工场的遗迹。

除了制作假发和佩戴假发，古埃及人还有一套完整的保存假发的方法。他们会用软化剂、油脂护理假发。不佩戴假发时，他们会将假发存放在特制的盒子里，在假发上撒上花瓣或肉桂屑之类的香料，这样在下次佩戴假发的时候就会散发出香味了。

古埃及女士为什么喜欢描眼影

古埃及女人十分爱美，总是佩戴着漂亮的假发、精致的耳环和项链，散发着神秘的香味。如果说古埃及女子的哪一部位最漂

▲ 纳赫特墓壁画——葬礼宴会前，仆人帮女士们整理妆容

亮、最吸引人，那肯定是她们的眼睛。

古埃及人很早就具备了高超的美容技术，他们还发明了许多化妆品，眉笔、化妆墨、眼影、眼线膏等都是古埃及女子必备的化妆用品。古埃及女子使用的眼线膏是用方铅矿或孔雀石制成的，工匠们将方铅矿石和孔雀石磨成糊状后，与油脂混合，然后装在精致的小瓶中供人使用。孔雀石能够将女子的眼圈描成绿色，方铅矿石能把眼线描得发白发亮。人们还将这些化妆品涂

在眼圈和睫毛根部，这样一来，眼睛就会显得又大又明亮。如果问女人们为什么喜欢描眼影，人们一定会说，描眼影使人变得很漂亮。但是这个答案并不完全，古埃及的女士描眼影是另有原因的。对于古埃及人来说，猫是圣兽，古埃及人都喜欢猫。而他们在眼睛上描眼影、画眼线，就是为了使自己的眼睛看起来像猫眼。这就是后人将古埃及女子的眼妆称为“猫眼妆”的原因。

事实上，不但古埃及的女士们以善于化妆出名，古埃及地位较高的男士也会化妆，他们不但佩戴假发，还会画眼线。

古埃及人制作奢侈品的水平如何

古埃及人对世界的贡献简直数不胜数，直到现在，建筑师们还从金字塔和方尖碑上寻找灵感，而当今的拼音文字中也不难发现古埃及象形文字的影响。除此之外，古埃及人对制作奢侈品的贡献也是不容忽视的，这就是制作香水和首饰的人总是把古埃及文物作为灵感来源的原因之一。

古埃及人制作假发的技术堪称一流，而古埃及工匠制造奢侈品的技术也是为世人所公认的。古埃及人非常爱美，在新石器时期，他们就开始制作珠串、手镯作为装饰品。他们的首饰通常由黄金镶嵌宝石制成，除此之外还会使用骨、牙、贝壳等材料。古埃及是最早发明香水的国家，克丽奥帕特拉是当时最著名的“香

◀ 图坦卡蒙黄金面具

水代言人”。这位女王经常使用 15 种不同气味的香水和香油来沐浴，甚至还用香水来浸泡她的船帆。据说，克丽奥帕特拉第一次遇到罗马大将安东尼的时候，就是凭借香水的气味让安东尼“拜倒在她的石榴裙下”。现在的香水大都装在雕刻讲究的精致小瓶中，其实古埃及人在很早之前就这么做了。

在古埃及，外表能够体现一个人的身份、社会地位或是在政治方面的重要性，这就是古埃及人想尽办法来装扮自己的原因。各种奢侈品的制作展现出了古埃及人高超的艺术水平，毫不夸张地说，古埃及人是制作首饰和香水的鼻祖。

古埃及人为何爱生牙病

曾经有人问过这样一个问题：为什么古埃及法老像都不笑？这不是因为法老“不苟言笑”，而是因为大多数古埃及人都有蛀牙，这些蛀牙令人疼痛难忍，连法老也不例外，如果牙齿疼的话，谁还会露出牙齿会心地微笑呢？

古埃及人的牙齿为什么爱生牙病呢？俗话说，病从口入，牙病更是吃出来的毛病，因此我们必须要看一看古埃及人有哪些饮食习惯。

在发达的农耕条件下，古埃及人将烤面包当作日常生活的主食。烤面包就是将小麦磨成粉后放进烤炉里面烤制。古埃及人生活在尼罗河沿岸，尼罗河两岸全是沙漠，这导致埃及漫天黄沙，埃及的石材也多属于砂岩，石质十分脆弱。古埃及的面粉都是用石磨磨成的，由此就出现一个很严重的问题——小麦粉中会掺杂大量的沙石，烤出来的面包每咬一口，都会吃到沙子，在吃东西的时候，牙齿被沙子硌到是十分平常的事。长期吃含有沙子的面包，当然会磨损牙齿。很多古埃及人老了，牙齿磨光了，牙床暴露了出来。

▲ 古埃及夫妇像

古埃及人的婚礼是怎样的

在古埃及人看来，婚姻是精神和身体的归宿，不但是敬神的表现，也是对家庭必须尽到的责任。古埃及人非常重视婚姻的意义，认为结婚是人生中最重要的事情之一。古埃及人的婚礼到底是怎样的呢？

在很早以前，古埃及就制定了婚姻法，并且规定了婚姻权利与婚姻义务。虽然背负着宗教和法律上的义务，但古埃及人的婚礼却一点儿也不刻板。

在古埃及，男女在订婚之前可以自由交往，小伙子可以在集市或是节日庆典上结识并追求自己心仪的姑娘。家里来客人时，未出嫁的姑娘还可以端茶送水，招待客人，男女之间交往的机会还是很多的。如果男有情女有意，男方父母就会携带礼物与媒人一起到女方家求婚。女方同意后，双方就会开始商议婚礼的事宜了。婚礼前一天晚上是“哈纳之夜”，新郎、新娘家中要分别举行庆祝活动。当晚，新娘会穿上粉红色的丝绸嫁衣，双手和脚趾都染上鲜红的指甲油，装扮得十分漂亮。年轻姑娘们还会积极展示自己美妙的歌喉和优美的舞姿，热闹的庆祝活动会持续一整夜。婚礼当天，在祭司的主持下，新郎、新娘在亲友面前签署婚约，太阳落山时，在亲友和乐队的陪同下，新郎骑着骆驼将新娘迎娶到新房中。伴郎、伴娘将象征丰衣足食的青麦撒在新人头上，为他们祝福。亲友们边唱边跳，直到深夜。

婚礼的第二天早上，新娘的母亲和姐妹们会来看望她，并带着自家的食物，以示想念。婚后第七天，新娘的朋友和亲戚会来看望她，并带来精美的食物和其他礼物，新娘则以水果和甜点来招待他们。

古埃及人如何举行葬礼

同为四大文明古国之一，古埃及与古代中国在很多方面都有相似之处，不仅在结婚礼仪上有许多相似之处，在葬礼方面也十分相似，古埃及也有送葬、哭丧、供奉食物等习俗。

在新王国时期的墓室壁画中有很多关于葬礼的描绘。古埃及人深信，人死后如果将尸体保存完好，那他就能在来世复活，因此有将死者的尸体制成木乃伊的习俗。法老死后，经过70多天的时间，尸体被制成木乃伊。人们把木乃伊放在一个船型棺床上，棺床放在一个由牛拉的橇上。法老的送葬队伍十分壮大，主要由奴仆、祭司和亲属组成，他们戴着白帽，穿白拖鞋。古埃及葬礼中最有特色的要数专业的哭丧队伍，哭丧队伍由女人组成，她们以头叩地、歇斯底里地痛哭，以此换取报酬。古埃及男子表达悲痛的方式要含蓄一些，他们大多会在那段时间内剃去须发，以此表达对死者的怀念与尊重。法老的送葬队伍由高官带领着，一直送到尼罗河西岸。因为古埃及人认为，尼罗河西岸是日落的

▲ 船型棺床

方向，代表死后的世界，将法老埋在尼罗河西岸的金字塔中，法老就能和太阳神一起复活。

在入葬之前，古埃及人还要进行一项非常重要的仪式，这就是“开口仪式”。在进行开口仪式后，祭司会为木乃伊画上符咒，并在木乃伊身上涂上圣油，然后将木乃伊连同存放内脏的罐子一起放入棺椁之中，用于陪葬的各种家具、珍宝也会一同放入墓室，以供死者在另一个世界使用。

埃及金字塔为什么被列为“世界古代七大奇迹之首”

埃及金字塔被誉为“世界古代七大奇迹之首”，能得到如此荣耀，埃及金字塔的确当之无愧！让我们一起来看看埃及金字塔都有哪些神奇之处吧！

埃及金字塔建于公元前 2700 ~前 2500 年，位于埃及开罗附近的吉萨高原。法老是古埃及国王的尊称，而这些金字塔则是法老的陵墓。金字塔的存在向人类展示了遥远而古老的埃及文明，让人们明白在那个时代，古埃及人有怎样的信仰，对生与死有何种看法。古埃及金字塔以及以金字塔为载体传承下来的文明，组成了古埃及文明的灿烂篇章。除了伟大的文化性之外，古埃及金字塔在建造上还表现了人类伟大的能力和创造性。在几千年前，就能建成如此工程浩大、结构完美的建筑物，堪称奇迹。更使人惊奇的是，自建成至今，金字塔屹立不倒，随着人们对金字塔的进一步探索，不可思议的事实层出不穷，甚至有好多现象令人无法理解，或是用现代的科学解释不清。正因为如此，有些人甚至推断金字塔是外星人的杰作，或者是史前文明的产物。

正因为拥有如此不可思议的体积、如此重大的研究价值，金字塔成为“世界古代七大奇迹之首”。

狮身人面像有什么用

说起古埃及的金字塔，人们总是会同时想到狮身人面像，至今人们仍对在金字塔旁建造这座由“狮身”与“人面”组成的巨大石雕的原因争论不休：有人认为它代表法老的智慧与勇敢，有人相信“狮身人面像”是金字塔的守护神，另一些人则认为它是古埃及伟大文明的象征。

在吉萨高地的金字塔中，哈夫拉金字塔的建筑规模仅次于胡夫金字塔。但其建筑形式更加完美壮观，再加上金字塔前的庙宇和著名的狮身人面像，使它在各个方面都可以与胡夫金字塔相媲美。狮身人面像坐落在哈夫拉金字塔前，面朝东方，日夜守卫着这片荒漠，它的身体是狮子，却长着一张人脸。事实上，这座巨型雕像的脸正是依据哈夫拉法老的模样雕刻而成的。人们之所以这么做，是为了让后人能够永远铭记这位法老的功德。另外，修建这座雕像还可以起到“衬托”作用，使哈夫拉金字塔变得更加神圣威严。在古埃及人看来，狮身人面的“斯芬克斯”是神话中的神兽，它可以起到守护的作用，因而古埃及人认为修建这样一座雕像可以守护法老的坟墓，使其不受侵犯。

写实风格的狮身人面像与线条简单的金字塔相映成趣，使金字塔这一宏大的建筑群富有变化，显得十分壮观。站在金字塔和狮身人面像前，每个人都不由得感叹：古埃及人真伟大！

第五章

博大的中华文明

中华民族是一个善于思考的民族，是一个追求和谐美好的民族。千百年来，中华民族的先贤以其非凡的思辨力，在对自然、社会、人生的反思中，在对真、善、美的追求中创造了深邃博大的思想文化。商周时期的敬天尊祖、春秋战国时期的百家争鸣都在中国人的历史中留下了难以磨灭的痕迹，成为中华文明的坚实内核。

与此同时，勤劳智慧的中华儿女总是在不断地进行着发明创造，创造着属于他们的奇迹，创造着领先于世界的科学技术。这些科学技术是我国古代千百万劳动人民智慧的结晶，为推动人类

文明的进步作出了巨大的贡献，也是我们民族自豪感和凝聚力的源泉，知道这些辉煌成就并在此基础上更进一步发展是每一个中华儿女的神圣责任。我们可以从先人的遗迹中清晰地看到先人们在创造中华民族辉煌文明时所显现出来的智慧，感受到他们辛劳的付出。

我们的节日民俗，也记录着中华文明进步的点点滴滴，从它们的深刻含义中，也可以看到我们的传统习俗是如何慢慢积淀下来的。

我们为什么自称“炎黄子孙”

我们华人常常自称“炎黄子孙”，无论中国人身处何地，每当想起这个属于我们每一个华人共同的称谓，心中都会涌起无限的自豪感。这个神圣的称谓，代表了华人高度的文化认同感和强烈的同根同源意识。那么，“炎黄子孙”这个称谓是怎么来的呢？

“炎”“黄”分别指中国原始社会中两位不同部落的首领——炎帝和黄帝。据传说，炎帝姓姜，炎帝的部族自西方游牧进入中原，与以蚩尤为首领的自东方而来的九黎族（也称东夷族）为争夺中原而发生长期冲突。由于蚩尤部落擅长制造兵器，骁勇善战，所以炎帝族最后大败，被迫逃到涿鹿（今河北省内）。但炎帝也因此得到了自北方进入中原的黄帝部族的援助，他们联合起来，在涿鹿之战中攻杀蚩尤，兼并了东夷部族。

黄帝号轩辕氏，是传说中很有智慧的部落首领，是中华民族公认的共同祖先之一。

打败蚩尤东夷部落后，炎、黄两族为争夺中原之地反目成仇，再次陷入长期的战争，最后在阪泉（据说阪泉在今河北省怀来县）之战中，黄帝族打败了炎帝族并兼并了它，控制了中原地区。这样，炎、黄两族和东夷族以及南方的一些部落逐渐融合，经过夏、商、周几代的演变，到春秋时期形成了“华夏族”，汉

▲ 炎帝、黄帝塑像

代强盛起来以后称为汉族。于是，在中国人心目中，炎、黄二帝就成为中华民族的始祖。“炎黄子孙”也就成了中华民族公认的代名词。

小贴士

“炎黄子孙”这个称谓，实际上反映了中华民族是在不断的民族融合过程中发展壮大起来的历史事实。

▲ 秦始皇陵兵马俑

秦陵兵马俑为何被称为“世界第八大奇迹”

1974 年春天，陕西省临潼县西扬村的几个村民在村边打井抗旱，盼望着井水能够拯救他们那已经枯萎的庄稼。但他们并没有看到井水，却在地下五六米深的地方挖出了一个与真人大小一样的陶土人头……这是一个震惊全世界的考古发现——秦始皇陵兵马俑在修建两千多年后重见天日！

秦始皇陵兵马俑刚出土的时候就以其宏伟壮观的规模和精致传神的艺术特色震惊了世界，被称为“世界第八大奇迹”。从规模上看，秦始皇陵兵马俑坑总面积达 2 万多平方米，估计埋有与真人一样大小的秦俑 8000 件以上，其中一号坑面积最大，有 1.4 万多平方米，现已挖出陶俑陶马 2000 多件，木制战车 20 乘。二号坑面积约 2000 平方米，估计内有战车 89 乘，驾车陶马 356 匹，陶制鞍马 116 匹，各类武士俑 900 余件……这些兵马俑排列整齐，场面宏大，气势磅礴，俨然就是一支宏伟壮观的地下大军！

更令人惊奇的是，这些陶俑雕塑逼真传神的艺术特色，所有的陶俑、陶马和战车都和真实的一模一样。那些陶俑有的努起嘴，胡须翻卷，显得坚定而刚毅；有的立眉瞪眼，似有过人的勇气；有的浓眉大眼、口阔唇厚，显得纯朴憨厚；有的舒眉秀眼、侧耳凝神，显得机警聪敏；有的眉目低垂，沉静安详，若有所思……各种形象无不惟妙惟肖、栩栩如生，显示出震撼人心的高超艺术技巧。

秦始皇兵马俑是秦朝强大国力的体现，更是两千年前中华文明辉煌的代表，被称为“世界第八大奇迹”是当之无愧的。

汉字的起源与发展经历了怎样的过程

我们每天都会用到汉字，你是否会想——汉字到底是怎么来的呢？

关于汉字的起源，一个传说是伏羲氏受鸟兽身上的花纹以

▲ 汉字

及它们在地上留下的足迹的启发，发明了文字；另一个流传更广的传说是“仓颉造字”，传说仓颉是黄帝时负责记录时事的官员，他也是受到鸟兽留在地上的足迹的启发，发明了文字。

汉字的发明是中华文明史上的一件大事，史书在记录“仓颉造字”的故事时写道：“在文字记录面前，上天在造化万物时再也不能隐藏它的秘密，所以造出来的粟就像下雨一样倒到地上；在文字描述面前，神灵鬼怪们也无法隐藏它们的形状，于是恐惧到在夜里不停地哭。”可见文字在记录信息和描述事物方面的巨大魔力。其实，文字并不是某个人发明的，它的历史作用也并不仅限于此。文字应该是古代劳动人民在长期的生产实践中发明创造的，文字的产生是人类思维发生根本质变的结果，千百年来成为人类文化、文明的基础，可以说没有文字，就没有人类文明的延续。

我国的文字经历了甲骨文、金文、小篆、隶书、草书、楷书、行书的演变历程，极大地丰富了中国文化的内涵，也是中华文明得以延续的主要载体。更为独特的是，中国的文字书写发展成为一门书法艺术，显示出了中华文化的独特性，也丰富了世界人类艺术文化的内涵。

春秋战国时期“百家争鸣”主要有哪些学派

春秋战国时期是我国历史上大动荡、大变革的时代，也是我国思想史和文化史上最辉煌灿烂、群星闪烁的时代。那时，大变革下传统的社会秩序受到猛烈冲击，思想文化也空前活跃，不同思想派别的代表人物，对各自所关注的问题提出了各自的见解，涌现出一批思想家，形成了思想领域中“百家争鸣”的局面。对我国后世影响深远的伟大思想家纷纷出现，他们的思想构成了以后两千多年间中国文化的精华和基础。

“百家”只是一个约数，并非真的有百家之多。据西汉人刘歆在《七略·诸子略》中的记载，人们公认的春秋战国时期的主要思想流派有九家，即儒、墨、道、法、阴阳、名、纵横、杂、农，被称为“九流”；东汉班固在《汉书·艺文志》中则在九家中又加入了“小说家”。后人把这两种说法放在一起，于是有了“十家九流”的说法。后来，儒、道、法、墨等学派一度显赫，其他各派学说逐渐湮没无闻。再后来，儒学成为中国古代的正统思想，东汉时期佛教思想传入中国，与道教并行于中国，于是便有了“三教九流”的说法，这时已经很少有人能完全列举出“九流”所包括的思想学派了，这其实反映的是中国古代思想文化交融的过程，正是这种文化的交融才造就了灿烂辉煌的中华文明。

《孙子兵法》仅仅是一部兵书吗

在中国古代，提到最著名的军事家，大家首先想到的一定是孙武；提到最著名的兵书，大家首先想到的也一定是孙武的那部《孙子兵法》。那么，你了解孙武和他的《孙子兵法》吗？

单纯从军事史来看，孙武的《孙子兵法》是我国现存最早的兵书，也是世界上已知最早的军事著作。孙武本是齐国人，前辈世代为将，后因躲避战乱来到吴国。在吴国期间，他潜心研究兵法，在总结前人经验的基础上结合自身的实践，深入探究战争的规律，写成了著名的《孙子兵法》。

在书中，孙武系统地论述了古代战争的各个方面，指出了决定战争胜负的政治、经济、军事、天时、地理、军将等基本因素，主张把握战争客观规律，争取利用形势的转化来打败敌人，其中还叙述了许多在战争中取胜的谋略计策，阐述了基本的战略战术思想，是关于古代战争最全面、最基本的“教科书”。

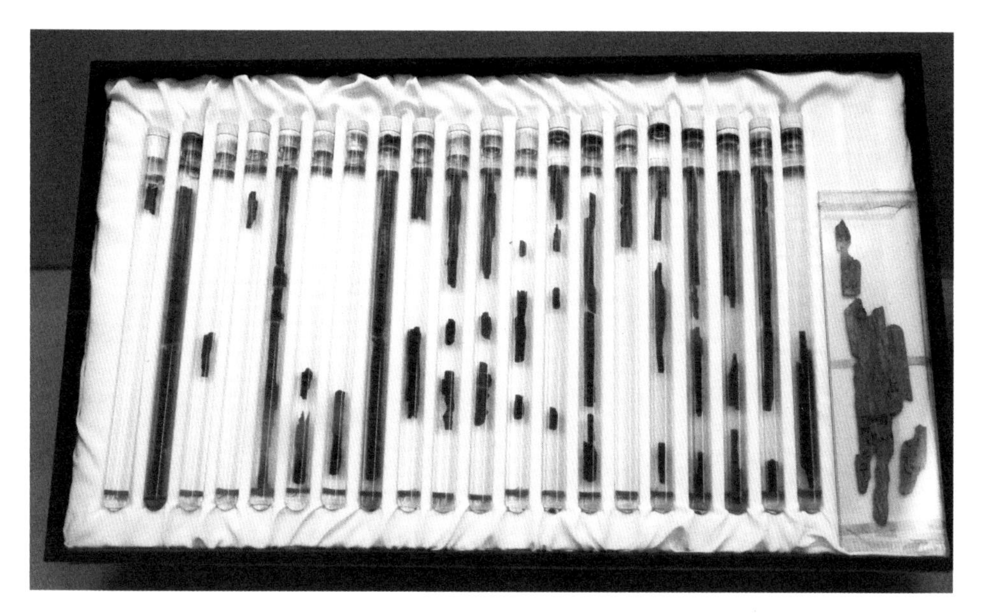

▲ 银雀山汉墓出土的《孙子兵法》竹简

然而，令人惊叹的是，《孙子兵法》不仅是一部单纯的军事“教科书”，也可以说是一部关于哲学思想的著作，作者在书中集中体现了朴素的唯物论和辩证法思想，“不战而屈人之兵”“无所不备则无所不寡”和“知己知彼，百战不殆”等论述不仅集中反映了中国人的战争观，而且已经成为经典的哲学术语，表达了中国人的世界观和人生观。正因为如此，历代学者都把《孙子兵法》这部兵书也看作哲学著作。如今，孙武的军事思想及基本原理，不仅为军事界所重视，而且被广泛地应用于政治、经济竞争、外交、企业管理和体育竞技等领域，“兵圣”孙武因此成为一名名垂千古的思想家。

《史记》为什么被誉为“史家之绝唱，无韵之离骚”

《史记》的作者司马迁是西汉时期著名的史学家、文学家，他出生在一个世代相传的史学家族中，自小受到严格而规范的学术训练，不仅有很深的学问，而且具备史学家必需的坚忍不拔的考证和实践精神。他在二十几岁的时候周游天下，考察各地风土人情和历史典故，为著述史书积累了大量的资料。

然而，正当他开始着手著述《史记》时，却祸从天降。他因替战败被迫投降匈奴的李陵说了句公道话，而被汉武帝处以“宫刑”，差点儿丢了性命。但他化悲痛为力量，发愤著史，并将自己对人生的思索和对生命的体验融入到著述中。因此，他的作品就更富有感情和生命力了，他笔下的人物都带有独特的感染力。《史记》因此具有很高的思想性和艺术价值，在史学和文学上都居于崇高的地位，鲁迅称之为“史家之绝唱、无韵之离骚”。

经过几十年的艰苦著述，司马迁终于完成了不朽的《史记》。《史记》全书130篇，包括叙述帝王事迹和王朝概略的“本纪”12篇，记诸侯贵族事迹的“世家”30篇，记历史著名人物事迹的“列传”60篇，梳理时事的“表”10篇和记录典章制度的“书”8篇，共计52万多字。《史记》不仅记录了我国汉武帝以前数千年的史事，还开创了我国古代史书中的通史“纪传”体例，对后世影响很大，成为我国古代史学的代表；《史记》又以其丰富的思想性、文学性和高超的艺术性而为世人所崇拜，千百年来感染着中国人的心灵，滋养着中国的文化。

读汉赋真的能“治病”吗

西汉著名文学家枚乘在他的一篇宏赋《七发》中讲述了这样一个故事：有一个王子生病了，身体虚弱，心情烦躁，白天打不起精神，晚上睡不着觉，找了很多医生、用了好多方法也没把这个病治好。于是作者就写了《七发》这篇长赋，让王子大声朗读，王子照做了。赋读完的时候，王子出了一身的汗，病居然就好了。《七发》因此成为汉赋中的名篇。汉赋真的有这种神奇的魔力吗？汉赋究竟是怎样的文学体裁呢？

西汉统一后，在战国时代兴起的北方诸子散文与南方的楚辞相融合，产生了一种新的文体——汉赋。“赋”这种体裁在古代就有，其特点是“借物言志”，就是通过描述简单事物中蕴含的道理来表达作者的思想，那时的赋都比较短。汉初，赋融合诸子散文纵横思辨、论证严密与楚辞想象丰富、汪洋恣肆的特点，也继承了楚辞的形式，这些赋气势恢弘、辞藻华美，篇幅很长，被称为“大赋”；汉代后期，赋开始偏向于先秦诸子散文巧文多智慧的特色，变得短小、活泼，清新而富有哲理性，被称为“小赋”或“短赋”。赋是中国汉代文学的代表。

汉赋“治病”是有道理的，文学本身就具有陶冶情操、滋养精神的作用，而赋借物言志的写作手法，具有批判精神，使其既具有深刻的思想性，又具备文学的形象性和趣味性，可以直击人的心灵；赋又是散文和韵文并用的文体，读来抑扬顿挫，很有旋律感，让人心情舒畅。尤其汉赋又是用竹简写成的，数万字的赋要用到百余斤的竹简，所以在那时，读“赋”也是一个“体力活儿”啊……

“唐宋八大家”中都有哪些人

“唐宋八大家”的说法是和我国古代一场著名的“古文运动”紧密结合在一起的。所谓“古文”，是唐代人的说法，是与当时流行的骈文对比而言的。早在先秦的时候，我国的散文就已经取得了辉煌的成就。汉代散文继承和发展了先秦散文质朴自然的风格，便于反映现实生活和表达深刻的思想。但是从三国至唐代，文学界开始充斥着华而不实的骈文，文章追求形式、空洞无物。因此这种文风不断地遭到有识之士的反对，他们要求恢复和发扬先秦、两汉散文的优良传统。到唐朝中期，在历代文人的努力下，反对骈文的学风终于蔚然而起，掀起了一场著名的“古文运动”，其中的代表人物就是韩愈和柳宗元。

韩愈和柳宗元在前人的基础上大力提倡古文，提出了一套完整的古文理论，并创作了很多优秀的古文作品，赢得了一大批追

▲《苏轼回翰林院图》

随者的热烈响应，在文坛上引领了声势浩大的古文运动，把散文写作推向了一个新高度。

进入北宋后，欧阳修等人继续大力倡导古文运动，终于使“古文运动”成为中国古代文坛的主流。于是后人就把唐代的韩愈、柳宗元和宋代的欧阳修、苏洵、苏轼、苏辙、曾巩、王安石八人合称为“唐宋八大家”。

“唐宋八大家”倡导的古文运动对后世的影响是巨大的。在元明清的600多年中，几乎没有一个文学家不是沿着由唐宋八大家开拓出来的“道路”前进的，他们取得了无与伦比的文学成就，引领了中国后世近千年的文风。

京剧演员表演时为什么要画脸谱

京剧是中国戏曲艺术的精华。京剧形成至今已有200多年，继承了中国戏曲的传统，在众多古老戏曲的基础上不断吸收、综合、丰富、融合、提高、创新，最终形成了一个博大精深的艺术体系。京剧以鲜明的人物形象和曲折离奇的故事情节，诠释着中华民族对艺术和人生的理解，呈现着中华民族独特的魅力。

在京剧表演中，让人印象最深刻的是绚丽的服装和五颜六色的“脸谱”。京剧中的画脸有怎样的含义呢？

原来，京剧“脸谱”是一种起源于生活的艺术象征。人面部器官的形状、轮廓是有规律的，体现人物的年龄、生理特点、经历、生活条件等信息，比如，在艰苦环境中长大的人往往肌肉坚实，肤色发黑，给人一种意志坚强、性格刚毅的印象。京剧脸谱就以生活为依据，来勾画出角色的精神状态和性格特征。基于这种认识，脸谱在京剧中逐渐约定俗成，成为一种定式。例如，黑脸的张飞象征刚直勇猛、红脸的关羽象征义气忠勇、白脸的曹操象征权谋奸诈等，在京剧表演中严格执行这种“定式”，于是脸谱就成为京剧艺术的重要符号之一。

如今，随着中华文化的发展和京剧艺术的传播，京剧脸谱艺术已经不仅局限在京剧表演的舞台上，也出现在社会文化生活中，成为中华民族传统文化的标志之一。

▲ 京剧脸谱

敦煌莫高窟最早是由谁开始修建的

著名的敦煌莫高窟位于甘肃省敦煌县东南 10 余千米的鸣沙山东麓。在鸣沙山的断崖上，大小洞窟一个挨着一个，高低错落排列了上下五层，绵延 2000 米。在这里，现在依然保存着北魏、西魏、北周、隋、唐、五代、宋、西夏和元九个朝代开凿的洞窟共 492 个，绘画 45000 多平方米，彩塑 2400 余尊，被称为包罗万象的“墙壁上的图书馆”。那么，是谁最早开始在这里修建佛教洞窟的呢？

▲ 敦煌壁画

据《李怀让重修莫高窟佛龛碑》记载，莫高窟始建于前秦时代的公元366年。这一年，一个名为乐僔的高僧云游经过敦煌时，正值黄昏，金色的夕阳照耀着三危山，发出万道金光，恍如佛光乍现，在他面前呈现出千佛现身的幻觉。于是，他便在当地停留并组织人力、物力，开始在鸣沙山的东崖壁上开凿洞窟、塑造佛像。此后经过历代不断的开凿，到唐代已经有洞窟1000余个，敦煌莫高窟达到鼎盛时期。

由于敦煌地处沙砾岩地带，适合开凿洞窟，却不适宜雕刻，因此洞窟中的造像多为泥质的彩塑。开凿的时间持续很久，使得这些佛教造像千姿百态，服饰各异，反映出了不同时代的特色，显示出了非凡的艺术魅力。

敦煌莫高窟位于古代中西方交流的交通要道上，在其丰富而深具艺术魅力的佛教塑像和壁画之中，反映出了不同历史时期、不同民族的建筑、服饰、音乐、舞蹈等方面的艺术风格和文化特色，是世界的“画廊”和雕塑、绘画艺术的“博物馆”。

中国古代圆周率计算的成就如何

圆周率是最常见的常数之一，这个“永无尽头”的无理数，一直在展现着数学的无穷魅力……

人类对于圆周率的认识非常早。一块来自于公元前 1900 年的古巴比伦石匾记载了圆周率为 25/8 = 3.125；同一时期的古埃及文物也表明圆周率约等于 3.16。不过，数学史家们认为这些数值都是实践的产物，并非数学计算的结果。古希腊人使圆周率计算进入了使用几何法的时期。为此做出重大贡献的是数学家阿基米德 (公元前 287 ～前 212)，他用不断增加圆周内接正多边形的边的方法，求出圆周率的下界是 223/71，上界是 22/7，取平均值 3.141851 作为圆周率的近似值，在人类历史上最早通过数学算法计算出了圆周率近似值。

随后，在圆周率计算上长期保持领先地位的是中国人。早在公元前 2 世纪，在《周髀算经》中就有“周一而径三”的记载，即认识到圆周率值约为 3。之后，张衡将这个数值推算为 3.162；公元 262 年，数学家刘徽开始利用极限的数学思想测算圆周率，

▲ 祖冲之和圆周率

将其数值精确到 3.1416，中国古代的圆周率计算从此长期处于世界领先地位；之后，南朝著名数学家祖冲之于公元 480 年将其精确到 3.1415926 和 3.1415927 之间，这个精确的数值在世界上领先了近千年，直到 15 世纪初才由阿拉伯数学家卡西打破。欧洲人直到 1573 年才得到近似的圆周率数值。在圆周率计算上的领先地位反映了中国古代数学领域的非凡成就。

纸是怎样发明的

纸发明以前，我国古代的书写载体主要有甲骨、金属器皿、竹简和丝帛，这些书写工具或是刻写不易，或是携带不便，或是价格昂贵，都不是理想的书写材料。在这样的背景下，人们经过研究，终于发明了纸。纸轻便便宜，又易于书写，是最理想的书写材料，成为今天最普及的文化载体。

我国古代曾用过丝质的纸，这种纸是做丝帛的副产品。制作方法是，在煮蚕茧抽丝之后，将剩下的蚕茧泡在水中捣成糨糊状，然后将这些浆状物均匀地摊在竹子做的席上，晒干后揭下来就是纸了，古人称之为“絮纸”。这种造纸方法在西汉时期就已经出现了。

絮纸无法大量生产，质量也不能保证，因而无法满足人们的需求。经过进一步的摸索、实验，人们成功地发明了以植物为原料的植物纤维纸，也就是我们今天使用的纸。在这个过程中，东汉的蔡伦做出了重大的贡献。

蔡伦是东汉时期的一位宦官，是当时掌管皇室用具制作的“尚方令”。因此，他对当时手工业制造的技术非常关注，其中就包括造纸术。在他的潜心研究下，终于利用树皮、旧麻布、破渔网等廉价的原料制作出质量上乘的纸。这种制纸工艺成本低廉、方法简便，因此很容易推广，被称为“蔡侯纸”。人们也因此把

▲ 用于造纸的原材料

▶ 纸张

纸的发明归功于蔡伦。

纸的发明不仅是书写材料的一次革命，也是人类文化发展史上一件标志性的大事，是中国人民对世界文明发展的一项重大贡献。

手术中使用的麻醉术最早是谁发明的

在今天的医疗手术中，麻醉已经是一项必不可少的前期准备工作了。但是，你知道吗？麻醉术的发明却并不容易，“神医”华佗几乎倾住了毕生的心血！

华佗是我国东汉末年的一位民间医生，与当时的“医圣”张仲景齐名，被称为“神医”，擅长针灸和外科手术。他在遇到服药和针灸无法治愈的疾病时，就会考虑运用外科手术。这在当时是一项医学上的创新，但也因此遇到了大大的难题，那就是如何在手术过程中缓解病人剧烈的疼痛呢？为此，华佗努力研究在手术中减缓病人疼痛的方法。他不顾自身安危，亲自登上危崖险峰采药；他不顾生命危险，亲自尝试各种汤药，在研究了各种具有麻醉作用的草药之后，发明了世界上最早的麻醉剂——“麻沸散”。华佗从“酒能醉人”中得到启发，让病人在手术前把麻沸散和酒冲服，待病人失去知觉后再开刀动手术。据史料记载，华佗使用这种麻醉技术，已经能成功地进行一些大手术了，在当时拯救了很多人。

全身麻醉剂的研制成功，不仅在中国医学史上是一个重大发明，在世界医学史上也是一项杰出的贡献。华佗是麻醉剂的最早发明者和使用者，比西方最早使用麻醉术的记载早了 1600 多年，“神医”之称，当之无愧！

印刷术是如何发明和发展的

印刷术最早的发明，是受古代的印信和刻石启发的。印信盖到纸上，本身就是复印；刻石通过拓片的方式，也能把文字复印在纸上。于是，最早的用木板刻字印刷的雕版印刷术被发明了。现存最早的雕版印刷品是在敦煌莫高窟被发现的一部唐代印刷的

▲ 活字印刷场景复原图

《金刚经》，具体印刷时间是公元 868 年，这说明最迟在公元 9 世纪，中国人就已经熟练地掌握了雕版印刷技术。

雕版印刷虽然有利于文化传播，但是缺点也很多，主要有：雕版对木材的要求很高，成本很贵；雕版费工费时，而且书印成后，如果雕版不再使用，就造成了极大的浪费。因此，大规模的雕版印刷不是一般人家或机构在财力上所能承担的。

为了克服这些缺点，北宋平民毕昇在雕版印刷术的基础上发明了活字印刷术。就是把原来刻在整块木板上的字，刻成单个的字，印刷时可以根据文字的内容重新组合、反复使用，这大大降低了印刷的成本。由于毕昇使用的是胶泥刻字，所以被称为泥活字。后来经过元朝王桢等人的改进，先后出现了木活字、铜活字、锡（铅）活字等。而随着这种发展，活字印刷技术也开始传到国外，成为闻名世界的中国“四大发明”之一。

印刷术的发明与发展，极大地促进了文化的记录与传播，为推动世界文化的发展做出了巨大贡献，是中华文明的重要遗产。

指南针为什么被阿拉伯人称为“水手之友”

指南针是中国古代四大发明之一，作为古代一种指示方向的仪器，指南针在中国古代的社会生产生活中曾经发挥了十分重要的作用。

中国古代先民们很早就发现了磁石的指极性，并用它发明了指示方向的仪器。早在战国时代，中国就出现了一种被称为“司南”的仪器。《韩非子》中有关于先王用司南辨别方向的记载。“司”就是掌管的意思，顾名思义，这个“司南”就是最早的指南针。东汉王充在《论衡》中也有记载，大意是说，把司南平放在地上，它的柄一定是指着南方的。这进一步证实了司南的功用。它是我们的祖先在长期实践中，把磁石的特性加以实际应用的产物，充分反映了中国人民的智慧。

后来，我国的指南仪器在司南的基础上不断改进，先后出现了指南鱼、指南龟等，其实就是把指南的仪器做成鱼和龟的形状。直到北宋时期，出现了用记载在沈括《梦溪笔谈》中的“悬针法”制造出来的指南针，“指南针”的名称才开始广为流传。

▲ 罗盘

也就是在北宋时期，指南针开始广泛地应用于航海，这也促进了指南针的进一步改进。由于“悬针法”指南针是活动的，影响定向准确性，所以在航海中，人们发明了罗盘，从而大大提高了指南针的稳定性，指南针因此开始风靡世界。

指南针在航海领域的广泛应用，使之迅速向外传播。12 世纪时，指南针经阿拉伯人传入欧洲，促进了航海事业的发展和世界各国经济、文化、商业的交流。因此，阿拉伯人称之为“水手之友”。

《本草纲目》为何被称为“东方药物学巨典”

《本草纲目》是我国明代著名医学家李时珍一生心血的结晶和经验的总结，该书对中国16世纪以前药物学的经验和成就进行了梳理，丰富了中国药品种类，对我国乃至世界药物学的发展，都起到了巨大的推动作用。

《本草纲目》不仅是对古代药物学的总结，更是中国医学史上的一次创新。例如，它采用了先进的药物学分类方法，依据药物的属性和功用，采取动物、植物和矿物科学分类。植物类药物又采取“析族区类”的方法，将植物分为草、谷、菜、果、木五部；部下分不同的类，类下分不同的种，对每种植物的形态、颜色、气味、产地、生长习性、药用价值及使用方法，都作了详细记载。这是世界上首创的最为科学、完整的植物学分类方法，200多年后西方植物学家林奈才在其著作《自然系统》中提出了类似的植物分类学方法，并沿用至今。

《本草纲目》全书共50卷，190多万字，分为16部、62类。记录了包括动物、植物和矿物等药品共1892味，比之前最好的药书多374味；记载药方11096个，比前人的医书约增加了4倍。此外，还绘制了药物形态图1100多幅，是医学史上真正的一部鸿篇巨制，也是我国医学宝库中一颗闪闪发光的明珠。直到今天，《本草纲目》在植物学和药物学上依然有着难以替代的地

▲ 李时珍雕像

位，它以收录药物之多、著作规模之大、内容质量之高，在古代药学史上取得了空前的成就，被称为“东方药物学巨典”。

故宫是由谁设计建造的

现在的故宫，是中国明清两朝的皇宫所在，是中国现存最大最完整的古建筑群，也是世界上现存规模最大最完整的古代木结构建筑群。整个建筑群的占地面积为72万多平方米，共有木质结构宫殿约9000间，全都以黄琉璃为瓦顶、青白石为底座，装饰着金碧辉煌的彩绘图画。这些宫殿以一条南北走向的线为中轴分列两侧，左右对称。整个建筑群气势宏伟，设计严整，极其壮观，其设计与建筑是一个无与伦比的杰作，举世无双。

故宫这样宏伟的建筑群，如此浩大的工程，由谁负责设计？又是谁主持施工的呢？因为建筑上没有明确的设计者、建造者和建造年代的信息，这一直都是一个历史之谜，令世人探寻。依据有限的文献记载，大多数人都认为是明代一位杰出的匠师——蒯祥设计的，蒯祥曾参与明初国都南京明皇宫宫殿的设计与建造，因技艺高超被称为“蒯鲁班”。对此，也有人提出了不同意见，认为蒯祥只是施工主持人，真正的设计人应该是“名不见经传”的蔡信。因为也有文献记载，在开始大规模施工时，蒯祥才跟着明成祖朱棣从南京北上并开始主持宫殿的修建工作。此前，蔡信已经在主持故宫和北京城的设计、规划和建造了。

其实，无论设计建造者具体是谁，都已经不是那么重要了，故宫集中代表着中国古代建筑的高超技艺和悠久的文化传统，是建筑匠师集体智慧的结晶！

中国人过春节的习俗是怎么来的

童年的时候，春节常常是我们的一种热切期盼。的确，对于每一个中国人来说，春节都是中国民间非常隆重、富有特色的传统节日，代表了中国人的一种特殊的情感，是中华民族文化千年传承的纽带。那么，中国人过春节的习俗是怎么来的呢？

中国农历年的第一天在习惯上称为春节。据记载，中国人过春节的历史已经有 4000 多年了。关于春节起源的说法有很多，但大部分人普遍接受的说法是，春节源于舜在位时，在这一天带领着部下人员祭拜天地。于是人们就把这一天当作一年的开始，这就是农历新年的由来。古代春节因为是新年第一天，所以也叫元旦。

中国历代元旦的日期并不一致，直到公元前 104 年汉武帝下令改定历法，由天文学家落下闳制定的历法最终被采用，称《太初历》。这一历法经过后世的人们不断完善，逐渐成为我们现在所使用的阴历（农历）并一直沿用到清朝末年。春节日期也因此被固定下来，沿用至今，落下闳也因此被称作“春节老人”。此后，中国春节在不同时代有不同名称，但多称为“元旦”或“元日”。1912 年中华民国临时政府成立，宣布废除旧历改用阳历（公历），用民国纪年。于是人们逐渐把阳历的新年第一天称为“元旦”，而把阴历（农历）新年的第一天称为“春节”。

春节的许多习俗深刻影响着中国人的思想观念，因此成为中华民族文化的优秀传统的重要载体，寄托着中华儿女的民族情感，传承着一代代中国人的家庭和社会伦理观念，也是中华文明内核的集中体现。

中国人的十二生肖属相是怎么来的

每一个中国人都有一个隐形的“符号”，这就是他的属相，这是中国人独有的文化标记，也是中国文化独特的反映。

十二生肖属相实际上是中国古代动物崇拜和干支纪年相结合的产物。历史上不同时期，十二种生肖中的动物以及它们排列的顺序是不同的，而且它们往往是和十二天干一起出现的，今天最通行的排列顺序是：子鼠、丑牛、寅虎、卯兔、辰龙、巳蛇、午马、未羊、申猴、酉鸡、戌狗、亥猪。

▼ 十二生肖

以动物作为生肖属相的现存最早文献记载是东汉王充的《论衡》，到南北朝时期正式出现了生肖用于记录人出生日期的记载，而且当时中国西北地区的一些少数民族也以动物纪年，只是选择的动物稍有差异。汉族生肖选择的动物有三类：第一类是已被驯化的“六畜”，即牛、羊、马、猪、狗、鸡，占十二种动物的一半。在传统观念中，“六畜兴旺”寓意人丁兴旺、吉祥美好。第二类是野生动物中为人们所熟知的，与人的日常、社会生活有着密切关系的动物，它们是虎、兔、猴、鼠、蛇。第三类是象征性吉祥物——龙，龙是“人造物”，是人们想象的“灵物”。

生肖动物有一定的含义，集中反映的是农耕文明下人们对自然界的深刻认识和对美好生活的一种追求。

谁是著名的“丝绸之路”的开拓者

著名的“丝绸之路”是古代连接东西方经济、文化的一条国际性贸易通道，它从长安（今西安）出发，向西穿越整个亚洲直达欧洲的地中海沿岸。在很长的一段历史时期内，它将中国精美的丝绸、瓷器和先进的文明源源不断地输往亚欧各地，同时也从这些地方带回无数的异域奇珍，让中国人感受着西方世界的神奇。

这样一条古代著名的文明交往之路，它的开拓者是我国西汉初年著名的探险家和外事活动家张骞。当时，为了抵御北方匈奴

▲《张骞出使图》

人的入侵，汉武帝决定联合西域（今新疆经中西亚直到东南欧的广大地区）的大月氏等国前后夹击匈奴，于是下令招募能够出使西域的人。心怀远大志向、时刻准备为国建功立业的张骞立刻应募，开始了他出使西域的伟大而艰险的旅程。

出使大月氏要穿越大片匈奴控制的区域，而且山高路远，路途充满艰险，但张骞无所畏惧，甚至被匈奴人抓住并扣押了十来年却不改其志，最终逃出来，到达了大月氏。虽然大月氏最终没有接受汉朝夹击匈奴的建议，但作为有心人的张骞却在西域的十数年期间，一面从事联络各国的政治活动，宣传汉朝的文明；一面细心地考察西域各地的风土人情，为以后的交往做好了准备。

后来，汉武帝又命张骞参与了攻打匈奴的战争，并再次派他出使西域，最终打开并巩固了通往西域的通道。张骞通西域后，中国的丝绸、瓷器等代表中国先进文明的手工业品被源源不断地输往欧洲，人们于是将这条贸易通道称为“丝绸之路”。

历史上真实的唐僧“西天取经”是怎样的

继法显之后，陆续有中国的僧人西去印度研习佛经，其中最著名的就是唐僧玄奘，后人把他的传奇经历演化成一段神话传说——《西游记》，唐僧西天取经的故事也就家喻户晓了。那么，历史上唐僧玄奘真实的经历究竟是怎样的呢？

其实，唐僧玄奘西天取经远没有那么浪漫神奇。公元627年时，新建立不久的唐朝政权与北方突厥相互戒备，边关出境控制很严，玄奘是混在商人队伍中偷偷溜出边关，踏上西行征途的。历经艰险来到印度后，他先用3年的时间游历当地二十多国，并学会了梵语。之后他在印度最著名的那烂陀寺跟随当时著名的高僧戒贤研习佛经5年，成为印度第一流的佛学学者。随后，玄奘继续游历印度，宣佛讲经，并在印度当时的一次佛教圣会——曲女城大会上一举成名，成为当时印度公认拥有最高声誉的高僧。

18年后的公元645年，玄奘带着他的“荣誉”和657卷佛经回到了中国，与出国时的“偷渡”不同，这次他受到了最高礼遇，唐太宗亲自接见了他，并专门为他安排场所（大雁塔）、募集助手和修建佛塔，以供翻译佛经、宣扬佛法之用。在唐太宗的

▲《大唐西域记》

大力支持下，玄奘不仅翻译出了1300多卷佛经，还把他的经历写成《大唐西域记》一书，这些都已经成为研究印度、中亚历史和人们了解古代中印文化交流的瑰宝。

如今，玄奘用以存放佛经的大雁塔，依然屹立在西安古城南，成为古都长安最显著的标志之一。塔外，玄奘的塑像神色坚毅，双目远眺，跨步向前，似乎准备远行……

中国人是什么时候开始人工培育茶树的

“开门七件事，柴米油盐酱醋茶”，这是中国人常说的一句谚语，“茶”虽然排在最后一位，却是人们非常熟悉的一种植物。在历史上，茶和丝绸一样，也曾一度成为古代中国的象征性符号之一。茶曾长期是古代中原地区对外或对西北、西南少数民族地区贸易往来的重要商品，在古代中外经济文化交流和我国境内的民族融合中发挥过重要作用。那么，中国人是什么时候开始人工培育茶树的呢？

唐朝以前，史籍中尚无关于人工培育茶树的明文记载。但在神话传说中，却有中国农业始祖神农氏因为每天要尝食很多草药容易中毒，常喝茶来解毒的传说，这从一个侧面说明，我国对茶的开发利用可能早在远古时代就开始了。到唐代以前，饮茶就已经成为大江南北普遍的生活习俗。

进入唐代，不仅出现了人工培育茶树的明确记载，而且茶的栽培技术大幅提高，种植面积扩大。在此背景下，出现了由陆羽著述的一部关于饮茶的专著——《茶经》，陆羽因此被称为“茶圣”。唐代以前，饮茶之风虽然盛行，但饮茶习惯却与今天大不相同，那时的人喝茶是将茶与盐、姜、葱等调料一起煮汤喝下去的，茶大概是被当作防病药物来使用的。直到陆羽的《茶经》问世后，饮茶开始成为一种文化，并逐渐与诗文、绘画、宗教活动以及民间工艺等紧密结合在一起，成为中国农业文化体系中一个组成部分，凝聚、承载着中国传统的礼俗规范和审美情趣。

“二十四节气”是怎么形成的

在生活中，我们常会听到诸如“立春”“夏至”“立秋”“冬至”等说法，生活在城市里的人对这些词汇可能关注得不是太多，但农民却时常在嘴里念叨着它们。它们都是我国传统文化中的“二十四节气”的内容。那么，“二十四节气”是怎么来的？它们对农业有什么作用？

所谓“二十四节气”，即立春、雨水、惊蛰、春分、清明、谷雨、立夏、小满、芒种、夏至、小暑、大暑、立秋、处暑、白露、秋分、寒露、霜降、立冬、小雪、大雪、冬至、小寒、大寒。为了便于记忆，古代农民将它们编成了歌诀：“春雨惊春清谷天，夏满芒夏暑相连，秋处露秋寒霜降，冬雪雪冬小大寒。”这短短的28个字是和我国古代辉煌的农业成就紧紧相连的。在古代，中国的先民用阳历（太阳历）记取春夏秋冬二十四节气，以便安排农业生产。他们把5天叫一候，3候为一气，即“节气”，这样，全年就分为七十二候二十四节气。二十四节气的制定，综合了天文学和气象学以及农作物生长特点等多方面的知识，体现了农业与气象之间的紧密联系，比较准确地反映了一年中的自然力特征及其对农作物生长的影响，所以至今仍然在农业生产中使用……

“二十四节气”是华夏祖先自商周到秦汉时期在长期的农业生产实践中创造出来的宝贵科学遗产，是农民计算和掌握农事季节的重要工具，是中华农耕文明的智慧结晶。2016 年，它已被列入联合国人类非物质文化遗产代表作名录。

▼ 刻着二十四节气的日晷